"地 球"系 列

THE
ICE

冰

［英］克劳斯·多兹◎著

徐　旭◎译

上海科学技术文献出版社

Shanghai Scientific and Technological Literature Press

图书在版编目（CIP）数据

冰／（英）克劳斯·多兹著；徐旭译 . 一上海：上海科学
技术文献出版社，2023
　　（地球系列）
　　ISBN 978-7-5439-8741-8

　　Ⅰ.①冰… Ⅱ.①克…②徐… Ⅲ.①冰—普及读
物 Ⅳ.① P426.3-49

中国国家版本馆 CIP 数据核字 (2023) 第 021416 号

Ice

Ice by Klaus Dodds was first published by Reaktion Books in the Earth series,
London, UK, 2018. Copyright © Klaus Dodds 2018

Copyright in the Chinese language translation (Simplified character rights only) ©
2023 Shanghai Scientific & Technological Literature Press

图字：09-2020-503

选题策划：张　树　　　　责任编辑：姜　曼
助理编辑：仲书怡　　　　封面设计：留白文化

冰
BING
[英]克劳斯·多兹 著　　徐 旭 译
出版发行：上海科学技术文献出版社
地　　址：上海市长乐路 746 号
邮政编码：200040
经　　销：全国新华书店
印　　刷：商务印书馆上海印刷有限公司
开　　本：890mm×1240mm　1/32
印　　张：6.125
字　　数：112 000
版　　次：2023 年 4 月第 1 版　2023 年 4 月第 1 次印刷
书　　号：ISBN 978-7-5439-8741-8
定　　价：58.00 元
http://www.sstlp.com

目　录

《老伦敦桥映衬下的泰晤士河畔霜冻集市》，1685 年，帆布油画

序　言

对于生活在温带和热带的我们来说，冰在我们的世界进进出出，今天存在，明天消失，本性决定了它的短暂。然而时光倒流，冰上的体验却大不相同了。1814年，伦敦人举行了最后一次自发的霜冻集市，这是号称欧洲"小冰河期"的馈赠，凉爽的气候持续了五个世纪之久。《泰晤士报》在1814年2月2日报道："有些地区的冰层厚达数尺，而其他地方则不宜冒险涉足。"胆大的水手带着狂欢者们在冻结的冰面来回穿梭，享受游戏和宴饮。这种集市并不是第一次举办，早在17世纪就有过多次。1962—1963年的凛冬，泰晤士河的河面再度冰封，英国东海岸附近也积聚了大量海冰，但这次结冰的规模远不及1814年的规模。

虽然冰会融化和消失，但是它仍能在接触的物品上留下不可磨灭的印记。因此，理解冰雪意味着要留意多个时间和空间。北美大陆的"五大湖"正是冰的遗赠，无论是否凝结成冰，湖水都会继续存在。标志性的约塞米蒂山谷或许是最著名的冰川景观之一，其著名的埃尔

美国加利福尼亚州约
塞米蒂国家公园，埃
尔卡皮坦山

卡皮坦岩壁海拔约 2 300 米，这一壮丽的景观也完全是过
去冰川作用的杰作。冰在不是特别坚硬的岩石上留下了
痕迹，但面对相对抗冰蚀的花岗岩岩芯，只能在其周围
起作用。这里独特又崎岖的地形创造出引人入胜的挑战
之地，吸引着代代攀岩者甚至定点跳伞爱好者前来，备
受游客推崇。

英国的景观，包括海拔最高的本尼维斯山和斯诺登
山，以及湖区国家公园的冰川峡谷都是由冰雪降落、沉
积、移动和融化造就的。正如娜恩·谢泼德在文学杰
作《活山：赞颂苏格兰凯恩戈姆斯山》中写的，"我们
被各种'元素'包围着"。20 世纪伟大的英国雕塑家芭

芭拉·赫普沃斯夫人曾提到"景观雕塑"和"大地的感受"，这种表述似乎在思考冰雪馈赠时颇为合适。U 形山谷、峡湾、山脊和岩石表面的纹理都为这种侵蚀作用提供了佐证。

我们与冰的联系

我们对冰雪有着矛盾的情结。数学家开普勒对高度对称的六角形雪花大为称赞，并在 17 世纪早期促成了人类对晶体结构的现代理解。到 19 世纪，美国诗人亨利·华兹华斯·朗费罗描写了雪花飘落的美态，并在其中注入浪漫情感，使人乐见冰的内在美：

> "在穹宇的怀抱里，
> 在层云华裳的衣袂间，
> 在枯褐与荒芜交错的林地，
> 在丰收后萧瑟的田野，
> 静静、柔柔、缓缓
> 雪花飘落。"

小小的雪花不仅激发了科学家和诗人的灵感，对冰原、冰盖和海冰的推测也引发了人们对地理的深思。是否会像亚里士多德认为的那样，"寒带终将取代温带和热带"？我们可以通过丰富的地图和海涂资源，深入了解我

位于坎布里亚郡湖区
国家公园博罗代尔的
冰川峡谷

们的祖先是如何设想那些"寒冷地带"的。我们有一系列与天然冰相关的一手书面和影像资料。作为年轻的随船医生，也是后来的侦探小说家，阿瑟·柯南·道尔就曾记述过他在捕鲸船上途经北极的见闻。不过，他也虚构了一篇名为《极星船长》的短篇小说，描写了轮船如何失控，船长最终在海冰中走向死亡。在柯南·道尔的文学想象中，冰上就是使欧洲男性失去理智的地方。

如今，科技进步将冰芯与卫星测绘联系起来，这意味着我们可以用截然不同的方式接触冰。现代冰层地图与古希腊和欧洲文艺复兴时期的地图大为不同，因为如今描摹的是冰下的地质结构和地表地形。它们增加了高度和深度，为冰雪带来了明显的体积增值。就算从未直接接触过冰，借助现代科技观看和聆听冰也完全有可能。

　　尽管现在我们对冰有了更多了解，但敬畏、愉悦、憎恨、恐惧和厌恶的情绪依然存在。孩子们可能喜欢打雪仗和滑冰，但家长们却为通勤时的不便大为恼火。但曾几何时，只有我们当中的特权阶层才能品尝从挪威和

雪花的六角形结构

欧洲阿尔卑斯山采集来的新鲜冰块，并辅以水果和糖调节风味。消费冰曾一度被认为是贵族的象征，绝非普罗大众能及。几个世纪以来，冰也一直是治疗浮肿、溃疡和伤口的一剂良药。

我们仍可以在世界各地找到大量的例证说明我们与冰有千丝万缕的联系。在瑞典语中，如果有人说他们感觉"在冰下"，那么听者就可以对应文中的表达，合理地假设他们"*under the weather*"（不舒服）。在西班牙语中，短语"*quedarse de hielo*"（冰封的，大吃一惊的）代表一种惊讶的感觉，因为冰（hielo）被用来刺激身体对冲击的无意识反应，类似于有人在你毫不知情时把一块冰块放在你背上。在韩语中，人们习惯称正常的冬天为"*samhan-sa-on*（三寒四暖）"，意思是连续三天的酷寒后，如果来自俄罗斯的北极寒流调转方向，就必有四天的温暖。在中文里，"冰雪聪明"是一种赞美。

在英语中，我们用不同的方式使用冰，用它来描述人的性格和行为。被称为"独断专行"和"铁石心肠"的女性，墓志铭上都镌刻着"冰雪女王""冰龙"等字眼。因此，冰与一种不受欢迎的性格联系在一起，就像英美流行乐队"外国佬"（Foreigner）在1977年发行的《冷若冰霜》中唱到的一样。当我们谈到"纯洁如雪"时，威廉·莎士比亚的《哈姆雷特》又在第三幕第一场贡献出了一个修饰语："尽管你像冰一样坚贞，像雪一样纯洁，你还是逃不过诽谤。"

我们用"如履薄冰"形容存有戒心，行为极为谨慎。无法说服我们的论点和行为被称作"切不到冰"（毫无作用）。一个非常大的或很有价值的事物只显露出很小一部分，或一个实力很强的人只表现出一部分才能，我们会说"冰山一角"。我们谈论的"破冰"原意为航行水域充分破碎冰块，以便船舶通航。如今，我们用它来指打破人际交往间怀疑、猜忌、疏远的藩篱。如果一个讲瑞典语的人说"冰上没有牛"，意思是让我们放心，没有什么可担心的。

冰的习语灵活度与它物质本身的多变性一致。冰山是漂浮在液体上的固态物质，是冰川脱落的碎块漂浮在海洋和湖泊中产生的。"冰山一角"的形容十分贴切，因为自由漂浮的冰山约有 90% 沉在海水中。一般来说，冰山指直径超过 5 米的冰块。一方面，它们对船舶构成威胁，并可能使船只沉没；另一方面，冰山旅游在纽芬兰和拉布拉多高原地区备受欢迎，在那里经常可以看到因格陵兰冰川崩解而离岸的数百座冰山。

冰山的寿命长短取决于空气、水温、风力以及周围海冰的相互作用。温暖的海水会导致冰山的水下部分融化，而暖空气会促使积雪融化，形成融雪池。冰山表层的融化可促使深层开裂，最终造成自身消亡。但我们也不能低估冰山群的规模。说到最大的冰山群，着实让人叹为观止。据估测，1897 年从南极洲罗斯冰架脱落的一座冰山，占地面积约为 6 300 平方千米，重达 1.4 万亿

乌干达鲁文佐里山脉

吨。而最近令人担忧的是，人们发现南极洲拉森冰架出现了一条巨大裂缝，一座占地 5 000 平方千米的新冰山或将横空出世。

即使不用刻意寻找，冰也随处可见，甚至在赤道的山区环境中，比如鲁文佐里山脉上也有冰。

我们也寻找方式来制作、搬运和储藏冰，这使我们对它的感情更加复杂。19 世纪三四十年代，冰箱和冰柜开始在家庭、酒店和餐厅出现。1949—1950 年，康涅狄格州正值暖冬，莫霍克山滑雪场的业主们敢为人先，凿出了 700 吨冰铺满雪坡。随后，人造雪也诞生了。

造雪机（位于加拿大阿尔伯塔省坎莫尔镇北欧中心的全鼓风雪炮）

1952年雪炮首次亮相，并在纽约北部的滑雪场投入使用。后来，它被更命名为"造雪机"。虽然机器会消耗大量能源和水，但在全球变暖导致自然冰融化的趋势下，它仍然使许多滑雪场的运作得以维持。

回到现实

尽管我们对海洋的存在习以为常，但若没有水冰构成的彗星，也就不会有与地球历史同在的海洋。因此，水冰并不是地球独有的物质，世界海洋也是来自外太空的彗星对地球的馈赠。天体物理学已揭示在更远的地方，太阳系中的其他行星是由气体和尘埃组成的，其中富含可合成水的两种元素：氢和氧。虽然某些行星，如水星和金星，由于靠近太阳而没有水源，但彗星的出现改变了地球的命运。

我们的行星近邻——火星，也有与地球类似的两极和气候历史。科学家确认了火星两极有层状沉积物，其他地方存在永冻层的证据。行星地表的坑洼被认为是过去冰川作用和气候变化造成的。在美国航空航天局（NASA）的火星勘测轨道飞行器获取到高分辨率照片后，火星的极地纬度以及被称为极地层状沉积物的物质得到了进一步调查。这些照片显示火星冰上世界的规模与地球的格陵兰岛类似。水冰沉积物被层层的灰尘、白雪和气态冰覆盖。据估计，这里的冬季气温比南极洲还低，低至 -120℃。

再远一些，在离太阳更远的天体上，水冰也普遍存在于地表和地下。2015 年 7 月发布的一张高清冥王星照片显示，这颗矮行星多山且存在冰峰，山脉海拔与北美落基山脉相当。木星和土星有众多已知卫星。木星有一颗名为欧罗巴（木卫二）的卫星，科学家们认为在其表层的冰壳之下存在着一片未冻结的海洋。值得注意的是，卫星欧罗巴的表面温度据估测约为 -160℃，比冬季的南极洲内陆地区还要冷 80℃～100℃。在土星等特殊天体的行星环里，小到冰尘，大到巨冰，都在循环变幻。如果没有受到陨石物质近乎连续的撞击，这些行星环会保持较浅的色彩，因此比人类以肉眼感知的温度明显更加冰冷。土星的众多卫星上也有冰，NASA 发射的"卡西尼"号太空探测器曾在其中一颗卫星上探测到表面逸出的水蒸气。不仅如此，火星、水星及月球也探测到冰层沉积物，整个太阳系中遍布着飘浮的冰彗星。

太阳系中无处不在的冰引发了科学家关于外星生命是否存在的思考，也为未来学家关于人类移居太阳系其他星球的假想提供了素材。但地球上存在的冰也有可能来自外太空。1908 年，一块彗星碎冰从太空坠落，伴随着一声巨响在西伯利亚着陆。彗星的物质构成与冰雪并无二致，但这次撞击的奇特之处在于冰块巨大的体积。科学家估计如此巨大的一块冰，其撞击的杀伤力可与当时尚未发明的原子弹爆炸相比。这次彗星碎冰坠落，令超过 2 000 平方千米的森林遭到破坏。不敢想象，假如坠落地点西移到莫斯科这样的城市，会产生怎样的后果。

冰与早期地理猜想

在本书中，读者将被带入冰雪的想象世界和物质世界。本书既涉及文学和科学领域，又深入人类世界的图像、记忆、民俗、遗产和文学思考。关于冰雪的诗歌、故事极大地丰富了我们的精神世界。许多英国儿童是听着雷蒙德·布里格斯的故事《雪人》（1978）长大的，后来要么会读到威廉·华兹华斯的诗歌《露西·格蕾》

冰

（1800），要么对特德·休斯的故事《雪》（1956）十分熟悉。雪花飘落在窗上的美妙景象被詹姆斯·乔伊斯完美地捕捉到，记录在《死者》（1914）一书中。对乔伊斯来说，雪是连接今与昔、生与死的纽带，它既柔韧又脆弱。正如书中最后一段所述：

> "彼时，雪花正落在这孤寂坟茔的角角落落，
> 在迈克尔·弗雷长眠的山上。
> 听到落雪微声时，
> 他的灵魂渐渐沉睡，
> 穿越宇宙，静静飘落，
> 像它们最后的归宿，
> 落在所有生者和死者身上。"

大屠杀幸存者普里莫·列维在《战时的最后一个圣诞节》（1986）中曾描述在 1944 年 12 月的集中营里，冰雪和苦寒是如何影响他的。列维写到，作为集中营实验室的技术员，寒冷的天气对他工作造成的不便：

> "当时正在下雪，天气很冷，在实验室工作也并不容易。供暖系统时常罢工不说，到了夜里，试剂瓶和大瓶的蒸馏水也因为结冰而爆裂。"

但是后来他也谈到因为冰的堵塞，引发了一系列的

连锁反应，并由此促成了一场与德国实验室技术员的奇妙相遇，还做了一次临时的自行车修理工：

> "几天后的 12 月中旬，集中营里的一个排风罩堵住了，管理员让我去疏通。在他看来，这种肮脏的活计就应该由我来做，不必劳实验室技术员梅耶夫人的大驾，而且实际上，我也习以为常了，因为我是唯一一个肯平躺在地板上，不怕衣服被弄脏的人。反正身上的条纹西装已经脏得不成样子了……看到我双手脏兮兮的，她问我能不能帮她修一下轮胎泄气的自行车。当然，作为交换，她愿意给我些东西填饱肚子。"

冰这个不速之客，让饥饿的列维从梅耶夫人那里得到了小小的犒赏——糖和鸡蛋。

对影迷来说，悬疑片的戏剧张力很大程度上源于主角被冰雪困住，并与世隔绝的情节。

导演约翰·卡朋特曾在电影《怪形》（1982）中告诫我们，冰储藏外星生命的能力会带来意想不到的后果。电影中，南极洲冰层中的外星生物被释放，不可避免地造成一支美国研究队被困科学站的局面。即使对最后一个幸存者来说，在基地被烧、多位队友死亡、营救希望渺茫的情况下，死亡似乎也是他的归宿。类似的电视剧和电影还有《神秘博士："太空方舟"》（1975）、《王牌

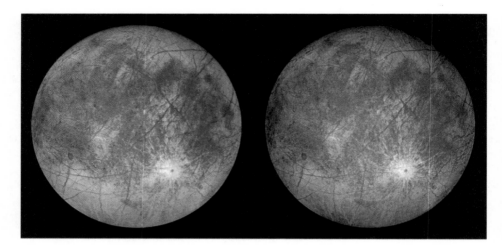

1996年9月7日，NASA伽利略探测器展示了木星卫星——表面冰封的欧罗巴后随半球的两个图像
左：近似自然色外观图像
右：假彩色合成版遥感图像

大贼谍》三部曲（1997—2002）、《2001：太空奥德赛》（1968）、《傻瓜大闹科学城》（1973）、《昏迷》（1978）和《异形》（1979）。间谍片《007之女王密使》（1969）和《谍影重重2》（2004）或是采用冰雪展示男主角的十八般武艺，或是用其塑造邪恶天才与世隔绝的巢穴。对于极地探险家和奇幻小说家来说，冰雪是施于文学和口头作品的魔法，能够把平凡的故事变成史诗。安徒生在《冰雪女王》中这样写道："那是位淑女，她的斗篷和帽子都是雪做的，身材瘦削颀长，皮肤白皙耀目。她就是冰雪女王。"

我们也需要冰，也希望能够使用它并与之共处。北极海冰上的猎人想要安全地在冰上跋涉，体育迷们想看到心仪队伍的冰上英姿，建筑师、工程师和设计师渴望设计并操控冰，军方希望拥有支配冰的能力，甚至我们

瑞士雪朗峰旋转餐厅（曾在 1969 年电影《007 之女王密使》中出镜）

普通人也希望以遗产的名义保护它和它所代表的东西。生活在世界上高海拔城市秘鲁拉林科纳达的人们，在冰天雪地里做着淘金的营生。但相对而言，很少有人会穷尽一生在冰雪中工作与生活，大多数人依靠冰雪融水解决日常饮用和农业灌溉问题。这当中有些人也许从未见过或感受过冰的存在，但如果没有它，他们的生活将会是另一番模样。

在一些冰封地区，我们希望人们在冰上冰下有着更高的行为标准。南极洲是按照一种独特的方式来管理的。在那里，人类必须相互分享，这也被提倡为一种资源管理的典范。北极地区是世界上最和平的地区之一，在这里，八个环北极国家（加拿大、丹麦、芬兰、冰岛、挪威、俄罗斯、瑞典和美国）在环境保护和搜救工作等共同关注的领域通力合作。

　　然而，这种影响也是相互的。在冰封地区合作虽值得称赞，但如果我们的行为加速了冰层消融，那由此造成的恶果也将由所有生灵共担，无一例外。较暗的海洋表面吸收了更多太阳热量，导致冰盖融化，海平面上升。处在河漫滩沿岸低洼区的城市将易受其扰。北冰洋海冰的消失可能会打开新的贸易航线和提供新的资源机遇，但这点好处与随之而来的全球气候恶化相比，根本不值一提。一个缺少冰雪的世界，将诞生新的赢家和输家。在此背景下，21世纪末将有一百亿人在地球生活。

　　在冰完全消融之前，至少在它还保留其自然形态时，我们将领略多样的冰雪地理环境，了解人类对冰雪的探索和对冰的想象以及了解冰的美学特质，学习冰与地缘政治的关系，尝试与冰共事，享受冰上休闲与乐趣以及最后适应冰。虽然本书没有详尽无遗，但至少提供了一个纵览冰的机会，这也使我们能够将几千年来的人类历史和地理知识联系起来。不仅是地球，对太阳系中任何地方来说，我们都能够清楚表达出对未来的希望与担忧。冰是人类生存不可或缺的组成部分。

冰的世界

冰是什么？

冰是冻结的水。冰川冰与常见的冰（包括人造冰块）大不相同，其紧密的晶体结构可以吸收光谱中除蓝色和青绿色外的任意光线，如红光和黄光。因此，冰川冰的外观与正常的半透明冰差异较大，后者没有明显的光线偏好，能够反射所有可见光。蓝光是唯一一种能透进冰层的光。与冰箱批量冻出的冰块相比，冰川冰的另一个特点在于它含有岩石、土壤、植物和细菌等杂质，并非单纯的冷冻水。

不仅如此，冰可呈多晶状，在较低的压强下，公认的 0℃冰点会失准。冰可以雕刻并塑造岩石和土壤，可以反射太阳能，还可以漂浮在水面上。冰在决定地球能量平衡方面起着至关重要的作用。冰从未忘记自己的出身——能够完全化为水的物质。如果冰持久存在，还可能改变外形。在不断运动和摇晃中，冰可以发掘、扩散和沉积。它能够且确实可以保障水上和水下生物的生存，

冰

大到鱼类，小到藻类植物和微生物都能作证。隐藏在南极洲冰川和冰盖下的冰下湖群是近期最吸引科学家关注的极端环境，因为在这里有可能分析出一些特殊的微生物。

当气温达到或低于冰点时，空气中的水汽开始结冰，就会形成雪。由于地面温度和地表条件的不同，雪花落地时可能会维持原样。如果地表温度超过 5 ℃，地面积雪就会开始融化。然而，假如没有水汽，在极冷且干旱的环境下，也完全有可能永远不会降雪，比如南极洲的干燥谷。

冰和雪的存在与分布不仅取决于主要的环境条件，如湿度、风力和温度，还取决于冰的晶体结构。采用低温扫描电子显微镜，科学家们可以更好地理解当吸收空气中的水汽后，冰是如何形成的。在实验室条件下，科学家们通过延时摄影和卓越的显微技术再现了冰的形成过程。样本颗粒直径约为 2 微米，远远小于人类头发的直径，在专门的研究室里受到精心培育。结果表明，这项研究有助于人们更好地理解冰晶是如何在大气中形成，又是怎样形成类似晶体的结构。

冰最常见的结晶形式是对称的六角形结构，水分子呈六角环形排列。六角形结构反映了分子活动，后者选择了一种吸引力最大化的模式。对称性为其带来更大的分子稳定性，当冰雪中的水分子相互结合形成氢键，并形成这种独特的六边形结构时，雪花和冰的内部就会有

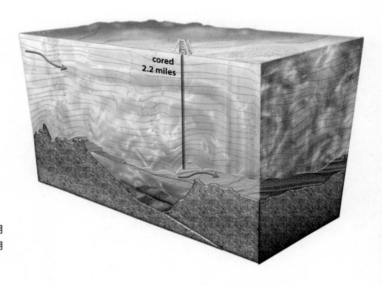

cored
2.2 miles

南极洲沃斯托克湖下，艺术家的冰下湖群印象

变化。温度和湿度等条件保证了没有一朵雪花是完全相同的。随着冰受到的压力增加，其标准六边形结构崩坏，氢氧键发生变化，形成密度更高的晶体结构，从而使冰的结构更加多样化。

小说家安东尼·多尔曾在他的著作中塑造了一个痴迷于冰晶之美的形象——大卫·温克勒。这个来自阿拉斯加的水文学家用散文生动地展现了冰晶研究需要的献身精神。正如叙述者解释的：

　　"作为一个研究生，他终于发现原来冰的基本设计（等边等角六边形）竟是无数的重复、精确的一致。他忍不住颤抖：在华丽的外表下，那金银丝装点的花簇，那细微可见的星辰，竟都是一种可怕

冰

冰晶

的必然产物。和人类一样，冰晶无法摆脱既定的宿命，一切都指向了固定的模式——必然的死亡。"

也许这位美国的小说家想到了 20 世纪的日本冰川学家中谷宇吉郎的辛勤工作，或是美国摄影师威尔逊·本特利的早期作品。中谷博士在《雪的结晶》（1954）一书中首次展示了自己发现的复杂冰晶图案，并随后在北海道大学的实验室中人工制造出来。自 1936 年起，他就在这白雪皑皑的日本北部研究冰雪。他花了大量时间为在札幌附近收集的天然雪晶拍摄了几千张显微照片，并通过这些照片辨别不同雪晶的结构类型。中谷研究的灵感源于本特利及其遗作——《雪的结晶》（1931）。两人都向大众展现了雪晶的美丽与复杂，他们分别在美国和日本拍摄了上千张当地雪晶的照片。本特利将风箱照相机固定在显微镜上方，并刮掉底片上的黑色乳剂层，使得雪花的形状得以完整保留。但不幸的是，因想拍摄更多雪晶照片，本特利在暴风雪中徒步回家，染上肺炎，最终一病不起。

定位冰

物理学家将地球上有冰层覆盖的环境称为"冰冻圈"（cryosphere），这是一个源于古希腊语的缩合词，由"kryos"（冷；冰）和"sphaira"（球体；地球）组成。冰冻圈是地球表面季节性或永久性冻结的一部分，它塑造并构成了北极、南极以及部分山区的自然环境。我们对冰的了解，以及从古到今发现冰所处位置的信息，大多源于船上和陆地的观测、捕鲸船日志、新闻报道、航测以及最新的卫星观测和冰芯。

随着反常天气和异常气温对人们普遍看法的颠覆，人们已不再纠结何时何处能看到冰，因为冰雪随处可见。2013 年 12 月，耶路撒冷的一场暴风雪造成了 38～50 厘米的积雪，厚度足以覆盖阿尔卑斯山滑雪场的缓坡。反常的是，冰雪也许并不会如期而至。2015 年 4 月，加利福尼亚当局宣布，内华达山脉的回声峰在冰雪年度调查中，首次无降雪记录。该州约三分之一的淡水资源仅依赖于此山脉的冰雪融水。如表 1 所示，冰雪不仅存在于北极、南极以及世界各大山脉，地球表面约有 10% 常年被冰雪覆盖。除冰川和冰盖，我们还有湖冰和河冰、海冰、冰洞、永久冻土（又称永冻层）以及大气中的冰晶。冰可以被卡在湖泊和海洋的水下，也可以像钟乳石结构一样附着在海冰和冰山的下方。通过粒雪（通过冻融作用交替而部分固结的冰川表面的冻雪）转化成冰，雪滋养着冰川和冰盖。

与冰的形成和再生密切相关的几大因素包括风、水、卤水和其他矿物质、地形以及温度。冰几乎无处不在，甚至有可能存在于地球内部。全球冰冻圈（地球系统中的冻结水部分）地理位置分散，世界上超过 50% 的冰川

格陵兰冰盖鸟瞰图

在北极地区，但最大的冰川位于南极洲，名为兰伯特冰川，其长度逾400千米，宽度近100千米。

世界上最大的冰体位于格陵兰岛和南极洲，它们占全球陆地冰总量的95%。格陵兰冰盖占地170万平方千米，约为岛屿面积的80%，相当于非洲国家苏丹共和国的规模。南极的冰盖大到惊人，面积约为1 400万平方千米，含有约2 470万立方千米的冰，有些地方深度超过5千米，比世界第二大国家加拿大大得多。南极半岛、南极东西部冰原因其显著特征很容易辨认。南极西部冰盖

下的基岩明显低于海平面，由于与温暖的海水相接，人
们认为它与东部冰盖相比缺乏稳定性。

表1　全球冰冻圈

冰冻圈成分	占地面积（百万平方千米）	冰量（百万立方千米）	潜在海平面上升（厘米）
陆地积雪（北半球）（年最小～最大）	1.9～45.2	0.000 5～0.005	0.01～1
海冰（北极和南极）（年最小～最大）	19～27	0.019～0.025	0
冰架	1.5	0.7	0
冰盖（总）	14	27.6	6 390
格陵兰	1.7	2.9	730
南极洲	12.3	24.7	5 660
冰川和冰冠（最低和最高估值）	0.51（0.54）	0.05（0.13）	15（37）
永冻层	22.8	4.5	-7
河冰和湖冰	不适用		

全球所需冰量因季节而异。冰雪覆盖的地点各不相
同，春夏季节的融化损失是影响全球分布的最大变量。
永久性积雪仅存在于格陵兰岛内部、极地冰冠和最高的
山脉，但"永久"并不意味着不变。雪和冰的总质量依
赖于积累与消融的关系，格陵兰冰原就遭受了冰解体和
表面融化的损失。然而，由于半球温度变率的影响，南
半球（南极洲除外）的冰雪覆盖率远低于北半球。南美
洲的安第斯山脉、澳大利亚东南部、新西兰和东非的部
分山脉是南半球高纬度地区冰雪的主要出现地，在为人

类、动植物提供水源方面至关重要。

南极洲的确遭遇过表层融化。但即便冰川和冰架在接触到温暖海水时会因底部融化崩解而有所损耗，我们依然有信心肯定，这里绝对是世界上能够出现终年冰的地方之一。

冰原重量极大，假如它们被移开，我们将会看到一片海拔降低了几百米的天地。我们从过去对早期冰期后回弹的研究中了解到，当大量冰从周围环境中消失时，它的影响不是立刻显现的。所以，地球似乎不会产生剧烈或即时的变化。所谓的地壳均衡调节也表明了可能面临的风险，即短期或长期的调整和变化。地球的运动既向上又向下，比如海平面的变化、地球重力场的变化，甚至一些地壳运动的影响。地球的自然地理环境会随着海平面上升和冰的持续消解而改变。两千年前的海平面比现在低 130 米左右，这主要因为当时北美洲大部分被冰原覆盖。

冰盖包含新老冰层，最古老的冰层来自更新世，这一庞大的地质年代可以追溯到 250 万年之前，在距今约 1 万年前地球进入间冰期时结束。格陵兰岛和南极冰盖的高度可以与全球各地的山脉媲美。格陵兰岛最高点达 3 200 米，而在南极中部，海拔约 4 000 米的冰山也并不少见。根据下层地质情况，冰继续延伸，格陵兰岛和南极洲的冰层厚度分别超过了 3 300 米和 4 780 米。格陵兰岛 80% 以上的地区被永久冰层覆盖，这便解释了人类的聚居地为何多在沿海地区。南极洲的永久冰层覆盖率更高，占全洲表面积的99%。南极山脉贯穿了整片极地大陆，将更高、更厚的东部冰体与地势低洼、温暖的冰层分隔开来，后者因为靠近南美大陆，接触温暖的气流和水流，故地形地势与东部有明显差异。唯一一个显著的例外就是位于南极东部的干燥谷地区，受其独特的小环境影响，此处类似月球，以无冰环境为主。

冰川和冰盖是冰最主要的来源。冰的最终命运将取决于积聚与融化作用的关系。当雪落在冰盖和冰川上时，它被掩埋、压缩并转化为冰川冰。冰川学家认为，全世

南极麦克默多干谷

界有超过 20 万个冰川、冰原和冰冠。仅在欧洲阿尔卑斯山脉，人类就发现了 54 000 座冰山。

冰盖、冰川和冰冠可以且确实会融化。夏季，格陵兰内陆冰盖和南极洲西部冰盖表面融化变得越来越普遍。卫星成像和航测是监控和评估冰川体的重要手段，通过机载和地面雷达测量绘制的冰层厚度图也是如此。历史上，重复摄影技术在记录冰川的后退和前移、识别不同的冰川和冰原方面起到了至关重要的作用。大多数冰原是在高纬度地区发现的，但巴塔哥尼亚冰原却是一个占地 16 000 平方千米的中纬度冰原。这表明，纬度并不是找到巨大冰原的唯一可靠指标。然而，估测冰川的稳定性和体积并不简单，需要仔细考虑许多因素，包括冰川表面融化、崩裂造成的冰流失以及雪崩等重大情况。

关于巴塔哥尼亚冰原融化的报道也有助于进一步的科学研究。通过对比 20 世纪 70 年代起 30 年间的卫星观测数据，科学家们发现即使在海拔最高的地方，冰原的体积也在不断减少和变薄。据估测，随着融化速度的加快，巴塔哥尼亚冰原的融水每年抬升全球海平面约 0.07 毫米，与 20 世纪 70 年代和 20 世纪 80 年代每年约 0.04 毫米的数字相比变化迅速。气温变暖就是变化的标志，因为如果落在冰川上的不是雪而是雨，那么不仅冰面会融化，冰川系统的整体平衡也会发生改变。最终，雨水将渗入冰川，并破坏其稳定性。但我们也要看到，威胁冰层的物质远不止雨水一种。

冰的种类

在全球范围内，冰盖、冰川、冰架和冰冠都是冰主要的存在形式，但冰的多样性仍然是个谜。基于所处位置、周围环境和干扰因素的差异，冰可以有多种形态。除常见且易辨别的气态冰、陆冰和海冰，我们还可以发现更多类型的冰，如固定冰（与海岸、岛屿或海底部分冻结在一起的冰）、饼状冰、碎冰和内冰。

根据各种信息，我们创造了大量的词汇去描述冰及其性质。在因纽特语中，有十几个（并非一些人可能假设的数百个）与冰有关的基本词汇，包括 "*siku*"（冰）、"*aniu*"（用来形成水的雪）、"*aputi*"（地面上的雪）和 "*qinu*"（靠近海的泥冰）。这些基本词汇又可以由一系列与海冰有关的词来补充，比如 "*qautsaulittuq*"，意为一种被鱼叉戳破的冰；又如 "*iniruvik*"，代表因潮汐变化而破裂后，再度冻结的冰。由于生活在加拿大北部和格陵兰岛的因纽特人以在海冰边缘狩猎和捕鱼为生，因此一名成功的猎人必然是一名全能的"冰探"，能够评估和预测冰的密度、黏性、空间范围和厚度、时代和坚固性。因纽特人认为优秀的猎人能与冰、水、雪和风持续且活跃交流。

西方科学家和当地猎人都对冰的美丽与多样性赞叹不已。冰晶就是一个很好的例子，它产生于冷暖空气在地面交汇之时。冷暖空气一经接触，暖空气中的水蒸气湿度会增加，倘若达到充足条件，就会形成冰晶。这种物质非常稀薄，状态类似于白天的薄雾，却很少像冻雾那样影响能见度。这些微小的晶体构造精致，光辉璀璨，因外观如同从天空散落到大地的钻石，也被称为钻石尘。生活在格陵兰岛的因纽特人称冰晶为"*patuktuq*"，当猎人在海冰间跋涉时，他们的脸上、衣物上都附着这样一层冰晶。

尽管看起来很美，但冰晶在冰的类型学中只是一个小小的元素。就对人类社会的影响而言，在极地、高山和海洋环境中的永冻层（或称永久冻土）才是最重要的。只有土表至2米范围内土温常年低于等于0℃的层次才有资格被称为"永冻层"。世界上有人类居住的大部分地区，包括北美洲北部、俄罗斯北部和西部、蒙古国部分地区以及中国西部地区存在永冻层。阿拉斯加85%的地区属于永久冻土，俄罗斯和加拿大50%～55%的地区也属于此范畴。

在世界上许多地方，冰冻层比海冰和冰川冰更少见，根据土壤地质、积雪、有机物含量、含盐量、决定融化的局部压力点、人类干扰水平和地表温度的差异，其厚度从2～3米到200～300米不等。据记载，世界上最厚的永冻层出现在西伯利亚北部的勒拿河附近，绵延约1 500米，当中还含有一些世界上最古老的冰。科学家们的探索从未停止，他们在北极盆地寒冷的大陆架上发现

南极洲钻石尘

了海洋冻土，在中国西部地区和南半球的安第斯山脉等地还发现了高山冻土。冻土的稳定性依赖于活动层，该区域靠近地表，易受冻融循环的影响。

生活在南北两极和阿尔卑斯山地区以外的人们更熟悉湖冰和河冰。像马萨诸塞州波士顿市的查尔斯河，冬季结冰是很常见的。在河冰足够厚的地方，溜冰甚至冰上集市等活动也很流行。根据温度、水域交汇和水流方向的不同，河冰和湖冰可以持续存在数周。冰面融化也会产生冻凝作用或黑冰，融水在那里重新冻结，形成一层薄薄的透明冰片，威胁着人们的安全。加拿大和美国阿拉斯加的冰路卡车司机在季节性河冰和湖冰路上行驶时，可以敏锐地察觉到类似的危险。

海冰是海洋环境中最主要的冰类型。它由卤水、冰晶、空气和固体盐构成，形态受盐度水平、相对融化和洋流状态的影响。海冰具有高度的动态性和变化性，这取决于海水的温度变化，而海水温度则受大气和地下热流密度的影响。科学家们将一年冰和多年冰进行了区分：前者在秋季形成，后者则至少已经经历了一个具有潜在融化和崩解风险的夏季。因此，多年冰的冰层更厚，对航运活动的危害也更大。但对当地人来说，狩猎时踩上去反倒更安全。一年冰和多年冰存在于南北极两大洲的海岸线附近，受北极洲地势环境的影响，冰聚集在北极海盆中，所以多年海冰更常见，而南极海冰常常向北漂移到大西洋、印度洋和太平洋的温暖水域，直至消融。在北极，北冰洋海水的循环运动形成了一个冰流动和积累的主要方向，因此，在北极圈内的格陵兰和加拿大海域周围漂着海冰，而俄罗斯和挪威的海岸线则少有海冰。

海冰的分布和状况是不均衡的。某些地区由于冰的反射层被改变（可能受污染物影响）而导致冰面融化，进而形成融池。但是，在海冰之间出现一片开阔水域的现象也很普遍，这种结构叫作冰沼湖，其中风、压力和海洋条件确实打开了海冰之间的缝隙。科学家们仍在探究海冰的断裂、变形、隆起、解散和消融现象，因而海冰流变学依然是处于研究中的学科。海冰调查需要卫星覆盖并使用自主式水下航行器，以便分别评估空间范围和冰层深度。水化学和温度分析将提供进一步线索，说明海冰是为何以及如何产生厚度和面积变化的。

反照率与能量平衡

大气、冰冻圈以及基底的交集决定了冰雪是沉降和积累，还是融化和消失。冰的"预期寿命"是行星反照率和地球能量平衡不可或缺的一部分。反照率是指物体表面反射的太阳光或辐射的量。雪是地球上最亮的天然表面，其反照率接近 0.9，这意味着约 90% 的太阳能在直射雪后被反射回地球大气层。但要解读反照率变化的趋势和轨迹并非易事。首先，冰继续威胁着我们。举一个简单的例子，与珠穆朗玛峰相连的一片冰川表面有岩石、泥土、灰尘等杂质，这些物质充当不良的蓄热体，不仅影响了山体的局部反照率，还加速了冰层的融化和流失。

如果冰面被雪层覆盖，就会拥有接近 1 的高反照率水平，成为太阳能的完美反射体。雪层的作用在于进一步延缓冰在夏季融化的速度，同时保持较低的海洋温度。相反，数值越接近 0，说明表面越暗，吸收太阳能越多。与冰相比，水更吸热，故反射性较差。因此，世界各大海洋的冰水关系都十分重要，尤其是北冰洋和南大洋，因为这将决定区域乃至全球的海洋温度。与开阔水域的反照率（低至 0.05）相比，海冰的反照率较高（0.5～0.8），80% 的太阳能会被海冰反射到冰面外的水域。如果海水持续变暖，所有海冰都难逃一劫。

冰与固态、气态和液态水融合，它们又以各自独特的方式与大气和环境相互作用。雪在大气中是以冰晶形式存在的，随着形态变化和重量增加，最终它会因重力作用飘落人间。决定冰与水最终命运的是对流层的盛行温度，这里是地球大气层的最低带，由于大气中 99% 的水蒸气蕴藏于此，对流层也决定着人间的天气。经过其中的反应，我们会迎来雪、冰雹、雾凇（源于冻雾）、冻雨、霜和雨夹雪等气象，出现哪种气象全凭运气，但不论发生什么，这些雪晶的命运都将被温度、湿度和风的三种因素左右。那些落在地上的雪晶，形状会发生巨大

表面有可见融池的海冰

如今，冰川沉积是学
术研究的主要领域

改变。冰晶是美丽的艺术品，它们最初的六边形棱柱状
外观可以且确实会变成柱状、针状、片状和树突状结构。
爱默生在《暴风雪》一诗中回忆的"雪的游戏之作——
建筑"和"北风的石匠手艺"，突出展现了冰雪的独特
形态。

理解冰与冰河时代

在过去的 400 年间，通过探索、发现、观测、分析和建模过程，我们转变了对冰的认识。德国制图学家、地理学家塞巴斯蒂安·蒙斯特的《宇宙志》（1544），瑞士神学家乔赛亚斯·西姆勒的《阿尔卑斯山评注》（1574）是较早反映冰和冰体（如冰川）活泼动态性质的两本著作。其后，研究人员又把瑞士的阿尔卑斯山作为主要研究对象。约翰·雅克布·余赫泽认为冰川不是静止的冰体，而是流动的物质；探险家、登山爱好者霍勒斯-贝内迪克特·德·索叙尔坚信，冰山的进退取决于气候的变化；苏格兰地质学家詹姆斯·赫顿观察到，欧洲阿尔卑斯山的冰川移动是造成岩石和漂砾大面积倾倒和沉积的原因之一。这些早期的地质学家一直在强调世界是运动中的现实世界。在《地球理论》（1788）一书中，赫顿向读者介绍了"深时"概念，同时阐述了地球是长期和持续力量产物的理念，这些力量包括侵蚀、隆起和沉积作用。

瑞士地质学家路易斯·阿加西是"冰川理论"毫无争议的拥趸。"冰川理论"是一个笼统的词语，形容冰川是高山环境的动摇者。他的作品《冰川研究》，开启了对冰川动力学和行为的系统科学反思。英国科学家詹姆斯·福布斯和约翰·廷德耳在倡导冰川理论和冰的黏性理论方面成绩卓著。到了 20 世纪，英国成立了许多新协会，如冰雪研究协会就旨在让科学家和市民共同参与冰雪研究。在一项计划中，居住在英国高地的观测者被要求在明信片上记录下积雪的程度，并将其发送到位于爱丁堡的协会总部。

19 世纪末到 20 世纪，放射性测定年代法为推进人们关于赫顿"深时"概念的见解提供了很好的机会。1913年，阿瑟·霍姆斯在《地球的年龄》一书中提出，通过放射性衰变测定岩石年代将有助于确定地球的历史。最初，霍姆斯认为地球可能有 15 亿年的历史，直到 30 年后，科学家们表明地球已有 45 亿岁高龄。地质学、冰川学和气候学等学科开始纷纷利用放射性测定年代法，重现过去的气候特征。直到 20 世纪 40 年代，已能够确定地球历史上存在过五个冰期。

我们说的冰期是一个漫长时期（通常有数百万年）的简称，其特征是全球气温偏低，大部分地区被冰川和冰原覆盖。在冰期，全球温度、冰的分布与厚度都会发生变化，因此冰期有可能前进和后退。距我们最近的冰期出现于约 300 万年前的第四纪，通过气候重建法（包括冰芯提取、岩石分析、研究地形演变和环境替代物，如化石和划分样本）测算，最早的冰期可以追溯到大约 20 亿年前。现代技术如同位素分析（专注于发现物质内不同类型的氧元素）揭示全球气温变化幅度高达 5 ℃，某些情况下甚至超过 20 ℃。

瑞士地质学家路易
斯·阿加西

　　在过去的 1.1 万年里，地球的气候相对稳定，冰主
要集中在可辨认的冰盖和冰川区域。全球变暖的影响正
在逐步突显，地球科学家也在研究海洋和大气环流模式，
因为过去的研究表明，曾经的冰期主要是由气候变化造
就的。板块构造同样意义重大，由于任何干扰暖水从赤
道流向极地地区的因素都会决定冰的形成，因此海洋变
暖会影响海冰的范围和厚度也就不稀奇了。我们采用冰

芯（某些情况下深入几千米的冰层中提取）和地形演变的方式，从过去几十年间的气候重建研究中了解到这一点。目前对于海洋和空气温度、流动和模式的监控对未来的探测工作至关重要。

最重要的是，我们了解到冰期可以且确实会突然终结。人们可能需要一段时间才能感知到它们存在于地球，但气候历史表明突如其来的变化并不罕见。电影《后天》（2004）也许展现了灾难电影题材的所有夸张倾向，但它确实指出了一些重要的东西。时间是至关重要的，冰期可能会在短短几年内结束，当它结束时，全球气温可能发生显著变化，幅度可高达 10 ℃。在电影结尾，气候的剧烈变化没有使纽约被上升的海平面淹没，而是被彻底冰封。

被围困的冰

无论是否遇到冰，它的命运都牵动着我们的心。政府间气候变化专门委员会的报告继续跟踪显著和持续的趋势，比如现在大气中二氧化碳、甲烷和一氧化二氮的浓度高于过去 80 万年。本质上，冰雪充当着调节大气和海洋变暖的热辐射控制器。极地放大效应和高纬度地区加速变暖扰乱了地球冰的"姑息治疗"计划。冰雪处在受气候变化影响的前线。据预计，虽然季节性积雪每年都会不同，但越来越多的证据表明，冰雪正在逐年减少。

　　冰川消融对于水资源、区域和全球气候都有着深远影响。降水不是冰唯一的威胁，因为海冰研究表明其他因素也在起作用，其中包括海洋化学和热循环。伴随着南极洲巨型冰架坍塌的爆炸性新闻（如1995年坍塌的拉森A冰架，2002年坍塌的拉森B冰架），几乎每个月都会有关于冰受损的事件或其他记录。在南极洲，消融现象集中体现为冰架崩塌，而在北方高纬度地区，人们的注意力集中在冰层的缩小和融化上。

　　以前的海冰非常坚硬、粗糙，而如今海冰表面的融池却让人担忧。融池之所以重要，是因为它们在单位面积吸收的太阳热量远超过冰（原因是融池当中存在水体）。海冰，特别是多年冰的覆盖，阻止了海洋在秋冬季节向大气输送热量，有助于保护北极海岸线免受冬季风暴的侵袭。海冰消失意味着更多热量从海洋转向大气，无冰的北冰洋最终变暖，影响海洋化学物质和生物。极地海洋的盐度平衡产生变化，鱼类和其他海洋生物的主要生存环境遭受影响。

　　冰从透明或灰色变为黑色、棕色、粉色、红色的现象是潜在的冰川灾害现象。当雪堆被较暗的物质（如灰尘和藻类）覆盖时，就会改变反照率。在尼泊尔，科学家们发现了大量冰川，例如，受到沉积在冰雪上的土壤、烟尘和黑炭影响的果宗巴冰川。当吸收更多太阳热量时，反照率降低会使融化期延长。在格陵兰岛，冰原在过去十年间变暗，近年来的融化时间已延长至10天。西伯利亚和北美洲发生的森林火灾还引发了"黑雪"。未来的气候模拟注定会在更大的范围内考虑生物反照率效应。

当冰消失时，它会对所有生物及生物与地球的关系产生一系列影响，时而微妙，时而显著。冰雪对人类生活至关重要，比如气象形成、降水与水循环、盐度平衡以及最终物种的迁徙和生存。冰雪还帮助我们炎热的星球变得适宜居住。在距今 1.2 万～1.4 万年前，冰原曾经大面积消退，只剩格陵兰岛和南极洲。

冰芯与气候档案

为更好地了解积雪的堆积模式，过去的 150 年间，冰川学家和自然地理学家曾挖掘冰川和冰原中的冰雪进行研究。19 世纪的冰川学家，如出生于瑞士的路易斯·阿加西认识到，冰川对于地球的过去非常了解，因为冰川对温度变化敏感，地形和冰川区域也为地质和气候变化研究提供了条件。对于后阿加西时代的科学先驱来说，他们确实是在用镐头和铲子进行挖掘。后来，研究人员在南极洲地下约 100 米处提取了冰芯，作为 1949—1952 年挪威—英国—瑞典科考队探险旅程的"战利品"。

得益于 20 世纪 60 年代欧洲和美国科学家们的开创性工作，冰川学家已经能够更好地了解冰川冰的成分，并可能从中提取出有关古代世界的信息。从南极洲到格陵兰岛，冰芯使得地球科学家可以了解过去数十万年间的气候情况。而采掘技术，包括因石油业发展出来的钻探技术，确保了每年数据的安全。因为随着冰雪年年累积，相关数据会按次序分层。在上一次的冰川周期中，巨大的冰盖覆盖了北半球，南极洲的区域也比现在更大。冰芯不仅揭示了冰、海洋、地表之间存在的敏感性，还体现了冰对生物的影响，包括几千年前规模较小的人类群落。

科学家们通过研究冰芯中封冻的气泡，深入了解了当时的大气成分、风况、植被、烟尘和化学污染物、火山碎屑以及温度变化。我们现在知道，温室气体的相对比例揭示了过去全球温度的信息，意味着较高浓度的甲烷和二氧化碳与温度升高有关。从冰芯中发现的气泡提供了明确的证据，表明18世纪至19世纪工业革命和碳经济的出现，导致前所未有的温室气体水平，并对陆地和海冰产生了影响。小冰河时代恰好在此时结束。

深时冰芯是从被称作"冰顶"的冰原区域提取出来的，区域内含有高海拔的极寒冰。钻探的深度因位置而异，可向下穿透数千米。提取出的冰被装袋并贴上标签，贮藏在冰柜中空运向其他地方的实验室。之后，冰被从中间切开，作为准备好的样本供研究者分析。在此过程中，最重要的是，避免样品的任何部分发生交叉污染。再之后，通过收集冰融水进行进一步化学分析，可能会发现硫等微量元素，表明过去的气候条件。

研究持续围绕格陵兰岛和南极洲的跨国冰川。在南极洲，探索的梦想仍然是寻找具有 100 万年历史的冰芯。截至目前，科学家已能重建 80 万年前的气候模型。欧洲南极冰芯钻探联盟的工作在过去十年间取得了里程碑式的成就。寻找 100 万年的冰芯虽然听起来像个噱头，但有其理论基础——地球气候的历史周期性。我们知道，地球大约每 10 万年进入一个冰期，但人们认为大约在 100 万年前，冰期间的间隔非常短暂，接近 4 万年。那么为什么间隔期会偏移大约 6 万年？由于地球倾斜和运动的任何变化都会影响太阳光能，进而影响冰川的幅度和规模？地球的运动，包括倾斜和（或）轨道是否出现了很大不同？一个 100 万年前的古老冰芯可能有助于提供一些明确的答案，并帮助我们了解冰期和间隔冰期的交集。

未来的冰

冰是地球秘密的守护者，擅长隐藏和遮蔽。但当它融化时，会展现出我们祖先及其生活或惊人或奇妙的图景。1991 年，欧洲阿尔卑斯山冰川后移，一具衣着完好、冰封 5 000 年的男性遗骸重见天日，后被称为"奥兹冰人"。西伯利亚和北美洲冰层的后移和消融不断揭示许多动物（包括猛犸象）的存在。

未来的冰川学家面临着许多挑战。尽管我们在探索

奥兹冰人鞋履的
仿制品

和渗透冰的世界方面取得了非凡的成就，但如何解释说明一种仍然变幻莫测的物质尚具有不确定性。每一天、每一季、每一年，雪的范围、水上冰的分布、永冻层的出现以及冰川和冰原的质量平衡都会发生变化。要理解自然的易变性和长期的人为影响，就需要对全球冰雪覆盖区进行广泛数据收集和监测，而这项工作既昂贵又费时。

我们在对自己所处的星球，以及人类和其他生命形式是如何且在何处与冰共生的理解方面，迈进了一大步。有些物种以失败告终，有些却发展蓬勃。在过去约 1 万年的时间里，人类是相对稳定气候的最大受益者。可以说，世界上的冰越少，我们与地球的关系就越不稳定。

探索与征服冰

　　探险与发现是不同的。发现有时由当地人完成的，但水手、冒险家、捕鲸者、捕海豹者和科学家等访客在这一领域的成就也不容小觑。发现是一种结果，而探索反映了对知识、冒险和财富的渴望。空中和水下无人机等新技术和设备为探索冰原和冰川上下环境提供了令人兴奋的机会。一些有趣的科学研究还涉及水、岩石、冰川和冰原地下环境的交集。深藏在南极洲和格陵兰岛冰层下的冰下湖泊表明，即使在最不可能的地方也有可能存在微生物。

　　对冰的发现与探索有多种形式。我们与冰的接触使得更多冰层被发现，并促使我们从实践和理论层面理解冰的形成和性质。在极地和高海拔地区旅行时，我们会遇到各种各样的冰，如冰晶、锚冰，它们又各有不同的形状、来源和性质。其中一些（并非全部）冰安全可靠，我们可以在其上穿梭和露营。攀冰和山地探险需要一种"读懂"冰的能力，并判断爬上冰瀑和悬崖以及冰层覆盖的岩石表面是否明智。19世纪的攀冰者开始能够区分高

珠穆朗玛峰早期攀登
者埃德蒙·希拉里

山冰和水冰，前者是冻结的雪，后者是冻结的水流。

专业社团如 1857 年创立于伦敦的高山俱乐部，促成了冰雪经验档案的建立。英国皇家地理学会等业余和学术团体编纂并规范了攀岩技术和设备方面的专业知识。冰爪和冰斧等物品成为现代登山者的必备品，尤其是在攀冰时大有用处。岩石固定绳索、绳索引导、绕绳下降和单环结下降等技术使成功升降更为可能。20 世纪 30 年代，有 20

个登山组织聚在夏蒙尼，举办阿尔卑斯山大会的落成仪式，后来成立了国际登山与攀岩联合会进行登山报告，内容包括如何攀越高海拔冰雪山。1968 年，国际登山与攀岩联合会开发了一个被广泛接受的全球评分系统，除冰上攀岩自有评分标准外，最难的等级被归为 12 级，之间的差异会取决于攀爬的山位于世界哪个区域。

《征服冰天雪地》主要讲述的是欧洲和北美男子为征服寒冷地区而努力奋斗的故事。冰天雪地作为动态变化的空间，考验着人类生理和心理的极限。对于那些幸存者来说，名利双收的世界即将到来，他们将作为极地探险家兼登山者家喻户晓。而对于那些遇难者来说，就像罗伯特·斯科特船长和他的"特拉诺瓦"号，成为英国、澳大利亚和新西兰三国隆重纪念的对象。1953 年 5 月，新西兰养蜂人埃德蒙·希拉里和尼泊尔的夏尔巴登山者丹增·诺盖登顶珠穆朗玛峰。在英联邦乃至全球欢庆之时，恰逢英国女王伊丽莎白二世加冕。

本章开篇有关冰最早的思考，与更北面地区和"冰冻之海"的想法联系在一起。对中世纪的许多欧洲人来说，冰雪体验是冬季日常生活的一部分，大人和小孩都喜欢滑冰和滑雪橇。因此，人们对北极地区以及后来遥远的南方地区冰雪的发现和探索，因其规模和持久性而有所不同。北欧人最著名的记述之一是由瑞典作家奥劳斯·马格努斯于 1555 年所写。他在其中思考了冰雪是如何塑造斯堪的纳维亚人的坚韧意志的。在马格努斯的描述中，也有一些关于冰晶的概述。从 16 世纪开始，欧洲人对南北两极的考察见闻便通过文字、图像，以及后来的照片和胶片记录下来。水手、登山者、商业代理以及极地探险家在极地和山脉的报道中起着重要作用。充满魅力的极地环境和高峰登顶也吸引了学术团体、商业公司和新闻媒体的目光。后来，女性也进入这些遥远的冰封世界，让人们同样听到和感受到她们的声音和经历。

极北之地

据说，古希腊探险家马萨利亚的皮西亚斯（雕像坐落于今法国港口城市马赛）在公元前 325 年前后向北欧进行了一次探险航行。根据现已失传的《在海上》一书描述，人们认为他到达了不列颠群岛，并发现了现在被称作"极北之地"的地方，即已知世界最北端的地方。在那里他可能遇到了海冰，经历了极昼或极夜。虽然外界一直在猜测他所到达的最北位置位于何处，但大致范围应该位于他从今苏格兰北部横穿北海后，挪威北部以北的某个地方。

古希腊学者斯特拉博在公元前 30 年所著的《地理学》一书中认为，皮西亚斯为低纬度生活的人们确认了"冰冻之海"的存在。如斯特拉博所言，皮西亚斯提到了一个到处漂浮着海冰的北部环境。那次航行向英国以北持续了 6 天，接近"冰冻之海"。斯特拉博对海冰的描述

冰

很有意思，"不再是所谓的陆地、海洋或空气，而是一种由这些元素凝结而成的物质，就像一个既不能行走，又不能航行的海肺"。"海肺"是水母在水中移动时膨胀和收缩的拟态。斯特拉博描述的可能是饼状冰。随着洋流

古希腊学者、制图师
斯特拉博雕像

和气流在其表面或整体产生作用，饼状冰之间便会相互混合、碰撞。

斯特拉博认为，极北之地的位置谜团并未解开，它可能位于挪威北部、格陵兰岛南部或冰岛。就像失落的亚特兰蒂斯世界，极北之地激发了古希腊神话爱好者们的地理想象。对一些希腊人来说，极北之地的居民就是居住在一个名叫"希柏里尔"（字面意思是"北风之外"的地方）奇妙王国的北境居民。这些居民永葆青春，拥有丰饶的自然资源，包括水资源。这里环境宜人，处处是茂密的森林和肥沃的土地，南部边缘有冰雪和山脉环绕。波瑞阿斯是这个奇妙王国的守护者，他可以向那些惹恼他的人释放酷寒、带冰的风。

对那些足够勇敢或极其愚蠢地踏入希柏里尔的人来说，前方迎接他们的将会是寒冷和危险。他们必须穿过"携翼之地"，这里被冰雪永久覆盖，与如今的苔原环境类似。如果他们从那里侥幸逃生，接下来可能会遭到鹰狮和独眼巨人部落的袭击。除了这些直接威胁生命的挑战，还有骇人听闻的瑞帕昂山脉。

古罗马自然哲学家老普林尼在77年出版了《博物志》一本书，并反思了早期关于极北之地的说法。他在第四册对不列颠群岛的描述中指出：

"我们所能提及的最远之处是极北之地。正如先前讲到的，当太阳经过巨蟹座时，那里的夏至没有

夜晚；相应的，冬至也没有白昼。有些作家认为这
种情况会持续整整六个月……从极北之地出发，经
一天的航程就会到达冰冻之海，也有人称它为'克
罗地亚海'。"

他重申了早先的说法，即极北之地距不列颠群岛以
北 6 天航程，但仍无法完全确定具体位置。

极北之地留给了后世欧洲人一个关于欧洲北部领
土，包括冰海和海洋的想象空间。极北之地的确切位置
一直很神秘，但无论它是什么，在何处，古希腊和古罗
马的作家们都不同程度地相信它确实位于已知地图的边
缘，且就其罕见的昼夜循环规律而言，此处可能藏有诱

掌管北风和冬季的希
腊神祇波瑞阿斯

人的宝藏。值得注意的是，几百年来，关于北方冰冻之海的知识一直在被不断地重复。如果我们问，"维京人曾经为我们做过什么"，那么其中一个答案必然是从根本上强化欧洲人对纬度的理解。他们迅速发动攻击和掠夺，同时在冰岛、法罗群岛和格陵兰岛建立殖民地。11 世纪，维京人到达了北美洲的东海岸。冰岛似乎是极北之地的可信地，它被维京探险家们描述为一个冰层满盖山顶、海岸满是浮冰，以及内部因火山活动变暗和褪色的地方。

在中世纪和文艺复兴后期的欧洲，对于"极北之地"的探索成为欧洲探险家及欧洲君主赞助者更为普遍的信念。14 世纪的意大利作家彼得拉克曾劝告，极北之地或许不值得发现，更不必去探索。但这并未阻止人们对积雪覆盖的岛屿和冰封海洋的猜测与好奇。从古希腊和古罗马的著作中得知，人们对南北两侧的寒带世界兴趣颇大。在缺乏直接观测和反射的条件下，这些寒带地区被想象成具有山脉、河流和其他地貌特征的陆地和海洋。

1600 年，显微镜的发明促使人们对雪晶进一步探索。以笛卡尔和罗伯特·胡克为代表的专家研究并绘制了他们的观察结果。当地理学家和探险家致力于寻找地球上被冰覆盖的地区时，实验室的科学家们也在探究冰的内部结构。

两极的魅力

即使在 20 世纪前十年人类到达北极之前，北极和地球最北端的魅力就已植根于 19 世纪英国和美国的大众文化中。18 世纪和 19 世纪的极地探险由一系列的任务组成，其中包括穿越西北航道、抵达北极、寻找富兰克林失踪的探险队和穿越格陵兰冰原。正如北极地区的人们认同的，西方探险家和科学家如果不能学会寻找、倾听和感受，他们就可能会面临生死攸关的问题：掉进冰冷的水里、滑入无情的裂缝、滚下令人眩晕的山坡。挪威探险家弗里乔夫·南森在 1893—1896 年的探险过程中，故意让"弗雷姆"号陷入北极海冰，希望借此使探险队慢慢漂向北极。通过对洋流和气流的海洋学研究，他了解到北冰洋其实是一个缓慢移动的冰平台，若有足够的耐心，它将是通往北极未知之地的传送带。然而，这一过程进展缓慢，对那些想听"猛冲者"而不是"漂流者"故事的听众没有足够的吸引力。令南森好奇的是，如果温暖的洋流足以确保海冰不会聚集，那么高纬度的北极地区甚至可能无冰存在。南森的漂流航行果断地证明了高纬度地区没有开阔海域。

19 世纪末，南森的发现令早前关于北冰洋可以通行的幻想破灭。1816 年，俄国探险家奥托·冯·科策布认为自己发现了一条穿越北美北极水域的通道，尽管他的

主张受到了争议,但仍引起了英国海军的行动。在英国海军部第二任秘书约翰·巴罗爵士的鼓励下,新一轮的北极探险开始了,但那时的北极地区已经越来越拥挤。19世纪的欧洲探险家和水手们纷纷投身于探险活动,其中包括库纳德·拉斯穆森、约翰·罗斯、威廉·帕里、罗伯特·麦克卢尔和约翰·雷。探险队的船只在北美北极水域来回游荡,希望能找到一条通过西北航道的可行路线。然而,多年冰层不仅阻碍了他们的探险,也将他们的雄心壮志一并粉碎,探险队举步维艰。在雪橇犬的帮助和当地人的建议下,开展陆上探索成为可能。直到

1906 年，挪威探险家罗尔德·阿蒙森才利用一艘改装的
鲱鱼渔船成功地穿越了西北航道。这些经历大大增加了
人们对冰雪的总体描述。

　　征程转向南方。17 世纪七八十年代，詹姆斯·库克
船长展开全球航行，航线南至南乔治亚岛，由此推动了
南极探险。他可能并不是第一个推测南方拥有广袤冰封
大陆的人。7 世纪的探险家威特·兰吉奥拉向新西兰以
南航行，遇到了一片"白色大陆"。但库克却是史上第一
个全球探险中向南推进的欧洲人。尽管受海冰和暴风雨
天气的影响，人们怀疑深入探险的可能性，但在 19 世
纪，仍有不少人前赴后继，因为捕鲸者和捕海豹者急于
提升关于设得兰群岛等亚南极群岛的商业敏感度。以詹
姆斯·威德尔为代表的英国探险家们受此激励，冒险南

**1896 年 5 月，挪威探
险家弗里乔夫·南森
和"弗雷姆"号越过
北极海冰**

行抵达南极半岛附近海域。1820 年，俄国探险家别林斯豪森绕南极大陆航行，向英国发出了一个警告信号——南极探险不再是他们独有的权限。更为复杂的是，法国探险家儒勒·迪蒙·迪维尔在 19 世纪 30 年代末积极探索南极地区，并于 1840 年登上南极大陆海岸线。

无论在南方还是北方，人们对两极的探索和征服都与对热带和温带的勘探不同。究其根本，探索南北两极并不是出于商业目的，而是为得到一种探索性的"第一"：鼓舞和告知国民，为渴望获得荣誉的政府和商业公司提供助力，并留意从中获利的可能性。有人猜测，第一位探险者可能会发现一片资源潜力巨大的"开阔极地海域"，因此，探险的主角们在名誉、金钱和虚荣心的驱使下纷纷参与到"极地角逐"中。北极地区的冰和冻海为探险活动增加了戏剧性和刺激感。1909 年 9 月，《纽约时报》向读者宣布，"皮尔里 8 次探索极地，历经 23 年发现北极"。在返回加拿大时，探险家兼冒险家罗伯特·皮尔里称，他在当年 4 月和非裔美籍同伴马修·亨森抵达了北极点。这是皮尔里第 8 次也是最后一次北极探险，当时尚不清楚是否有人能做到他所说的——从加拿大北部出发，疾冲 37 天抵达北极。

更引人注意的是，另一位美国极地探险家弗雷德里克·库克宣称，他早在一年前的 1908 年 4 月便完成此举。由于无法出示自己的航海记录，库克的说法并不可信。20 世纪 80 年代末，人们发现皮尔里可能也没有到达北极点。研究人员通过探险记录，开始怀疑他通报的地理位置。与南极点不同，北极点在某种意义上更难用纪念旗或石堆来确定，因为浮冰是不断流动的。作为英国横穿北极探险队的一员，英国探险家沃利·赫伯特曾成功抵达北极点，也公开怀疑过皮尔里的说法。

皮尔里称他在 1909 年 4 月到达北极点时，曾在此处埋藏过一个装有国旗的锡罐。它可能就在北冰洋中部的某处，又或许与俄罗斯在 2007 年 8 月埋藏的国旗相邻。

对南极点的探索同样充满戏剧性，且存在争议。欧内斯特·沙克尔顿、罗伯特·斯科特和罗尔德·阿蒙森等探险家都曾参与抵达南极大陆地理中心的探险活动。后世认为，1895 年在伦敦召开的国际地理大会具有强力

1840 年 1 月，儒勒·迪蒙·迪维尔和南极洲阿黛利海岸探险（与儒勒一同探险的路易斯·勒布雷顿画）

推进作用，英国皇家地理学会的克莱门斯·马卡姆爵士等权威人士自此号召各国开展新一轮的探险活动，发现和探索南极大陆。来自比利时、挪威、英国和美国的探险家及其赞助者支持采用科学调查和越冬探险的协调方案。有几位冒险家，包括沙克尔顿在 1907 年私人组织的尼姆罗德探险队，曾深入南极大陆 110 千米。此后，斯科特和阿蒙森展开了一场声名狼藉的"南极竞赛"，最终，阿蒙森一行人于 1911 年 12 月抵达南极点。而讽刺的是，阿蒙森本应前往北极探险，但听说皮尔里已经到达北极点，随即改变了主意。1912 年 1 月，斯科特和他的"特拉诺瓦"号抵达南极点，但在返程时不幸罹难，事发地与出发点非常接近。出于不同的原因，阿蒙森和斯科特都成了各自国家的英雄，但斯科特及其团队的不幸却让人深切地感受到人性的光辉。

斯科特的日志在 1913 年出版，这是叙述陷于无垠冰海对人类身心影响的悲剧最有力的说明之一。读者会在这次探险过程中发现，严寒和坚冰是如何耗尽西伯利亚小马的力气，造成探险队员伤亡，并最终吞噬整个探险团队的。斯科特船长 1912 年 3 月的最后一篇日记中表示："如果活下来，我会把同伴们刚毅、坚忍和勇敢的故事讲给所有人听，让每个英国人的心都为之动容。但如今看来，故事只能由这些粗略的笔记和我们的尸身来讲了吧？"这些"粗略的笔记"讲述了一个特别的故事，情节包含极地暴风雪、冰川风、饥寒交迫以及不断倒下的同伴。

澳大利亚探险家、地质学家道格拉斯·莫森也让观众们从第三手资料中发现冰雪和风对人类身心的影响。他的传奇故事中充满坚韧与勇敢，包括1913年1月的经历。当时随行的同伴和拉载雪橇的狗无一生还，他孤身一人，距离存有少量食物的主基地仍有160多千米，濒临死亡。惊人的是，他在暴风雪中艰难行进，后来凭借救援队埋下的石堆得以生还，最终回到了基地。正如他后来写道的：

> "我蜷缩在睡袋里的时候，倒下的同伴们的形象和未来的机会在脑海中不断交错闪现。我似乎孤独地守在海岸边……我的身体好像随时都可能崩溃……我的几根脚趾开始发黑，趾尖开始溃烂，连趾甲也松动了。看来希望渺茫……睡袋里很容易睡

罗伯特·皮尔里雪橇队1909年4月抵达北极点的照片

1911 年 12 月 17 日，罗尔德·阿蒙森及其探险队在南极点

道格拉斯·莫森曾是
1911—1914 年澳大利亚
南极探险队成员之一

着，外面天气极其恶劣。"

后来，极地探险家们也发现南极不是怯懦者应该去
的地方。即使你活下来了，这种困在严寒和坚冰环境的
经历，也可能对人的身心造成毁灭性的伤害。

向更深、更广处挺进

第一次世界大战后，为纪念斯科特及其探险队，剑桥大学成立了斯科特极地研究所，英国对于南极探险和科学的兴趣再度高涨。20 世纪，当飞机和机械化运输等新技术应用于开拓极地大陆的新领域时，英雄主义和极地探险发生了变化，但"争做第一人"的吸引力并未因此消失。1957—1958 年间，英国、澳大利亚和新西兰共同发起了一次跨南极探险，由维维安·福克斯和埃德蒙·希拉里领队，在雪鼬和改装拖拉机的帮助下，探险队经南极点，历时 99 天横跨南极大陆。在国际地球物理年，这次探险看起来似乎是早期探险时代的倒退。

20 世纪 50 年代末，人们越来越清楚地认识到，进一步了解极地需要更多的纵向参与，而非横向参与。新的问题随之而来：南极冰盖有多厚？它在影响地球气候方面起到了什么作用？关键点不再是谁第一个到达南极点，而是南极冰层之下有什么？正如福克斯和希拉里在《穿越南极洲》一书中提到的，参与跨南极探险的科学家们也在开展科学实验，其中包括全程测量冰层厚度。然而，这两人相处得并不好——科学家福克斯和登山者希拉里是截然不同的两种性格。跨南极探险与早期探险的不同之处在于，冰上的时间是用白昼的时间长短计算的。

尽管在技术、服装、地理知识和后勤保障方面都有进步，但探险队仍有可能出现意外。2016 年 1 月，英国探险家亨利·沃斯利不幸死于疲劳和脱水。他曾尝试穿越极地大陆近 1 500 千米，试图完成欧内斯特·沙克尔顿的尼姆罗德探险队未完成的路线。众所周知，沙克尔顿在距最终目的地 150 千米处停止探险，因为他感觉再往前走，安全返回的可能性会更低。在距离最终目的地约 50 千米处，沃斯利因身体状况欠佳被空运到智利的一家医院，后因多器官衰竭离世。导致沃斯利死亡的是所有极地探险家都不得不面对的问题——脱水。当他出汗时，身体因缺乏水分陷入病危。身处被冰冻水包围的环境中，许多人因失去方向甚至产生幻觉脱水而死。

新西兰探险家埃德蒙·希拉里在 1957 年跨南极洲探险时使用的拖拉机（弗格森 TE20）

定标高度和障碍

　　海拔和纬度共同决定了冰雪在山上延伸的范围。世界各地的雪线差异巨大。在两极，冰雪出现在海平面，而在欧洲阿尔卑斯山，海拔 3 000 米以上才会有冰雪。离海岸线的距离也会对降水量和雪凝结成冰的程度产生影响。当结合季节性因素时，并非每次登山运动和垂直勘探都会遇到冰雪。不过，高海拔山区必然会被冰雪覆盖，并呈现出独特的探索挑战吸引力。

　　登顶和登山的历史是随着 18 世纪登山热潮的兴起，才发展为主流历史。1760 年，博物学家霍勒斯-本尼迪克特·德·索绪尔开出奖金，奖励任何能成功攀登法国最高峰勃朗峰的人。1786 年 8 月，当地人雅克·巴尔玛和米歇尔-加百利·帕卡德完成登顶，并领取了赏金。次年，索绪尔在 18 名导游的帮助下最终也成功登顶。索绪尔在山顶开展了首轮科学实验，他测量了气压，研究并记录了对高空冰雪的观测结果。1779—1796 年间，他将自己的研究结果分为四卷出版，确立了在高海拔冰川学、生物学、制图学、气象学和地质学研究的科学传统。对欧洲大陆人（比如著名的瑞士冰川学家路易斯·阿加西）来说，18 世纪到 19 世纪间的探险、登山和科学是互为影响的。

　　由英国引领的登山运动进一步改变了山地探险，其动力不再是科学研究，而是对快乐和享受的追求。登山者本是指攀登欧洲被冰雪覆盖的阿尔卑斯山脉高峰的人，但在英国的社会环境下，登山却是特权阶层的消遣。攀登冰雪覆盖的高山是社会和政治精英的娱乐方式。到19世纪50年代，英国登山者阿尔弗雷德·威尔斯爵士将登山作为一种时尚追求，鼓励大家追随他的脚步，登上马特洪峰等主要山脉。受装备、技术和导游的影响，高山俱乐部成为求胜心切的攀登一代的聚集地。由于英国和德国登山者都力图率先在山顶插上本国国旗，因此攀登欧洲阿尔卑斯山的竞争越发激烈。

随着落基山脉吸引了埃德温·詹姆斯、约翰·弗里蒙特等大批新生登山爱好者的目光，攀登南北美洲高峰的活动也流行起来。1913年，人们登顶了北美洲最高峰麦金利山（今德纳里峰）；1925年，加拿大最高峰洛根山也被人类征服。

在全球范围内，19世纪是一个成就非凡的时期，彼时全世界的登山者登顶了世界各地的最高峰。但只有一处例外，那就是世界最高山脉——喜马拉雅山脉。无论如何，英国登山者都渴望改变这一局面。1924年，乔治·马洛里和他的登山伙伴安德鲁·欧文带着成为登上珠穆朗玛峰第一人的梦想启程，但到达最后一个营地后，他们登顶之旅神秘地结束了。马洛里的尸体最终于1999年被发现，即使到今天人们也不清楚，他究竟是在登顶后返程还是在上行过程中身故的。

1865 年英国登山者爱德华·温伯尔及其登山队首次登上马特洪峰（古斯塔夫·多雷版画作品）

喜马拉雅山脉安娜普
尔纳群山北坡

　　登山者们往往要历经痛苦才会了解，高海拔环境是
危险的。当人到达海拔 8 000 米处时，每上行 1 000 米，
气温就会下降 10 ℃。强风、严寒和进入"死亡地带"都
是勇敢的登山者所要面对的严酷现实。海拔 8 000 米处的
氧气含量很低，难以维持人类正常生存。瑞士医生伊都
华·卫斯–杜农于 1953 年发现了这一现象，同年，希拉里
和丹增短暂地登上珠穆朗玛峰。正如代代登山者记录的那
样，一旦越过 8 000 米，人们就进入"死亡地带"，一切生
存机会都会降低。

　　即使侥幸在"死亡地带"活下来，坚冰、强风和严
寒都会对人体造成严重的伤害。1950 年 6 月，莫里斯·赫

尔佐格和路易斯·拉切纳尔成为第一批登顶超 8 000 米山脉的人。他们初次尝试便登上了喜马拉雅山脉的安娜普尔纳峰 I 峰，即世界第十高峰，但过程满是坎坷。因装备丢失，一行人暴露在严寒中，他们的所有脚趾和大部分手指被冻伤。在关于登顶的经典叙述中，赫尔佐格回忆了所有登山者在接近"死亡地带"时面临的困境：是继续前行还是就地返回？

"也许一两个小时后，我们就会迎来胜利。要放弃吗？绝不可能！我整个人都在抗拒这个想法。我已经下定决心，不会改变。今天是我们理想的奉献，一切牺牲都值得。我清楚地听到自己的声音:'我应该自己去吗?'"

登山者们决定向山顶挺进。尽管冒着危险,拖着断肢,他们还是成功登顶,并活着回来了。后来,拉切纳尔在1955年法国的一次登山事故中丧生,而赫尔佐格成了法国体育和文化部长,并担任了山区度假胜地夏蒙尼小镇的镇长。

不仅仅是男性将自己推向世界高山的"死亡地带",女性也通过攀登高峰来探索地球的最高点。法国女性克劳德·柯冈是伟大的登山者之一,1953年她第一个登上喜马拉雅山脉7 000米级的努子峰。后来,她在1959年率领一支全女性探险队攀登世界第六高峰——海拔8 201米的卓奥友峰时,因遭遇雪崩不幸遇难。她曾攀登过欧洲和南美洲的许多山峰,并帮助消除了高海拔登山男性主导的文化偏见。正如人类学家雪莉·奥特纳在《珠穆朗玛峰上的生与死》一书中写的:

"攀登喜马拉雅山直到20世纪70年代都是男性的运动,这几乎(但不完全)被男性专有,包括夏尔巴人。这建立在所有男性制度上,特别是军队制度中衍生出来的男性互动风格上。尽管运动涉及很多方面——自然与民族、物质与精神、自我的内在道德品质,以及生命的意义,但这总是在一定程度

夏尔巴人丹增·诺盖和埃德蒙·希拉里在珠穆朗玛峰的斜坡上（约翰·亨德森摄）

上与男性有关。"

　　尽管登山和极地探险仍有危险，但我们对高山和山顶冰雪的态度与几百年前相比有了很大变化。如今，女性攀登者在登山和攀岩运动中拥有了稳固地位，并受到尊重。人们对登山的"隐藏历史"也有了更多理解，包括夏尔巴人（如闻名世界的丹增·诺盖）的角色，以及他们对山地环境的详细了解和经验对世界各地登山者的贡献。

　　1975 年 5 月，日本登山者田部井淳子成为首位登上珠峰的女性。因为渴望挑战日本的性别歧视，田部成立了一支全员女性的登山探险队。1969 年，她创立了女子攀岩俱乐部，并于次年率领探险队前往喜马拉雅山。她以坚韧不拔和决断果敢的风格著称，由于克服了大雪、严寒和强风，她登顶安娜普尔纳峰Ⅲ峰的事迹备受瞩目。而攀登珠穆朗玛峰一事之所以吸引眼球，是因为这次几乎没有赞助，而且是对日本国内反对她高调攀登的反抗，同时雪崩的严重程度也使她不得不爬上山顶。

1969 年 11 月，在男性登上月球 5 个月后，第一批女性到达南极。她们也曾面临与田部类似的反对女性登山运动的论调。英国南极调查局等民间运营商和美国海军不愿意接受女性参与，担心她们的出现可能会扰乱研究基地的日常工作。其他不予接纳的理由还包括：女性无法适应变幻莫测的冰天雪地，她们需要独立的浴室和厕所设施。1969 年的就职典礼由时任外勤助理的新西兰帕梅拉·杨女士，一群美国女科学家——罗伊斯·琼斯、特里·提克希尔·泰瑞尔、艾琳·麦克萨维尼和凯依·林赛，以及一位名叫让·皮尔逊的记者参加。此后，南极科考和后勤计划中一直都有女性的身影。

美国主导的"冰上女孩"倡议就是鼓励女性考虑冰雪科学职业的一个例子。在阿拉斯加大学的支持下，该项目旨在向年轻女性推广冰川学和登山运动，并于 2016 年在阿拉斯加和华盛顿州的山区开展了两次探险活动。极地的早期职业生涯科学家协会等专业机构也在帮助未来几代女性研究员开拓南北两极。英国南极考察队的主任简·弗朗西斯教授，是该组织的第一位女性领导，组织的创立时间可以追溯到"二战"时期。

田部井淳子

未被发现的冰

高海拔、星际和地下探索互为交叉，有助于发现冰和冰层之下可能存在的东西。借助卫星遥感和航空无线电回波探测技术，科学家们在南极冰盖下发现了一座巨

1998—1999 年间因驻扎在南极研究站治愈乳腺癌闻名的杰里·尼尔森博士

大的山脉。参差不齐的山峰据估测高达 2 500 米，绵延 1 200 千米，与人类的高海拔开拓活动相比，对甘布尔泽夫山脉的探索正在以一种更为远距离的方式展开。

最近，NASA 在格陵兰岛的一次机载雷达飞行任务向人们展现了隐藏在冰雪下的全新景观。NASA 和来自德国及英国的研究人员利用先进的雷达系统技术，透过大片的冰层测量其下基岩，该行动被称为"冰桥行动"。在格陵兰冰原中部下方有一个比科罗拉多大峡谷还巨大的冰封峡谷，是冰川融水从冰原中部流向海岸线的一大渠道。格陵兰冰层开始融化，对该峡谷的长期监测将为冰原未来的稳定性提供重要线索。

随着星际科技的发展，我们对冰有了进一步发现。得益于一些机构的长期巡回探测任务，我们了解到整个太阳系都发现了冰物质，其存在对行星系统的形成起到了重要作用。冰冷的卫星、彗星和小行星上也存在着冰。太空科学家认为，太阳系中水与冰的分布可使人们了解，40 亿年前行星和卫星是如何形成的。离太阳最远的行星和天体的温度足以使水低温凝集，而彗星可能负责整个太阳系中水的输送。木星是作为最早被创造出来的行星，其形成可能是因为水和冰的出现促使尘埃和气体凝结成了一个相当稳定的物质团。

我们有理由相信整个太阳系将发现更多的冰，而这将作为一种新的平衡，来填补地球持续的物质损失。

想象与呈现冰

我的爱人似冰，而我如火；
为何我火热的渴望无法融化她的冰冷，
我热切的恳求却使她更加冷酷？

又为何，我满溢的热情不曾被她的冰心浇熄，
反而愈发炽烈，炽烈到热血翻涌，
到心潮愈发澎湃？

可又有什么比这更神奇——
熔（融）化一切的火使坚冰更固，
而酷寒中凝结成的冰，
却奇妙地点燃了烈火。

温柔心灵中这爱的力量，
竟可变更世间万物之常。

——《冰与火》，埃德蒙·斯宾塞，1590 年

要追溯人类与冰的相遇，就是要进入一个充满民俗、神话、科学和精神的物质世界。正如我们注意到的，一些先进的科技已经成为在遥远的行星上发现冰而不可或缺的手段。几个世纪以来，冰一直受到北极地区的人的敬重，并在北极地区的文化中拥有强烈的特色。人们可以在冰层上旅行、狩猎、聚会、社交、贸易往来。短暂存在的白令陆桥曾使美洲的勘探和殖民得以实现，大面积的冰川作用也确保了当时的海平面比此前两万年下降了约 90 米。后来，海平面的上升有效地将亚洲和北美洲分隔开，并创造了独特的地理环境和人类遗传模式。

高寒地区与人们绮丽的想象乃至精神世界紧密相连。在云线之上，群山展现出超凡脱俗之态，阿尔卑斯山和南北极环境的纯白，激起了西方浪漫主义者的向往。这也描述了探险家的身心是如何被敬畏、谦卑之情支配的。欧洲的冬景绘画传统自 16 世纪起便秉承民间风俗，喜画低洼地区，这在荷兰尤为常见。后来，崇尚高处的审美观逐渐成为主流，欧洲阿尔卑斯山和极地地区的冰峰才作为素材凸显出来。

在西方美学和文学中，我们可以将这种传统与冰和地理知识联系起来。埃德蒙·伯克在《关于崇高与美观念之根源的哲学探讨》（1757）一书中将"美丽"与"崇高"区分开来，并以此影响了我们对物体和风景的感受。我们会惊叹于雪花的脆弱，也会怵目于冰川和冰山的庞大。冰层的范围、规模和体量会使我们的敬畏、惊奇甚

因努伊特石堆是人造石碑群，过去（现在仍然）被用作航标和食物储藏所，供在北极地区跋涉的人们使用

至直面难以匹敌事物的恐惧感油然而生。世界的这股不羁力量让人既惊又惧。伊曼努尔·康德在《论优美感和崇高感》（1776）以及《判断力批判》（1790）中探讨了"崇高"是如何识别那些威胁我们的经历（如风暴）和结构（如冰雪覆盖的山脉）的。在对"崇高"的演绎中，康德将"崇高"分为数学上的"崇高"（与人类相比真正庞大的事物）和力学上的"崇高"（对抗人类理性力量的威胁），我们享乐的天性是受理性力量牵制的，这种力量可以超越一些看似势不可挡的东西。

在 20 世纪的大部分时间里，地球物理学和地缘政治学的结合改变了世界冰封区域的形态，并满足了人类掌控冰的欲望。人类花费了大量金钱收集陆地、海洋和太空中冰的数据。在 21 世纪，我们往往认为寒带是全球气候迅速变化和地球脆弱性的标志。为了重建过去气候，寻找合理的未来迹象，人类始终不懈地进行着收集工作。

因为被迫要面对冰层减少的可怕世界，我们现在更倾向于表达对冰更深层次的审美鉴赏。就像冰川上的层层积雪一样，我们的遭遇和经历也都会被积累、压缩和破坏。

描述冰雪的语言和图像多少有几分浅薄，因为我们不得不用"融化""缺损"和"消失"来形容这种现实。哥特风、恐怖美学和文学传统揭示了艺术家、电影制作人、科学家和小说家在直面黑暗、非自然水平升温的时的想法，它向我们提出了深刻的问题，即想法对人类本身、自然世界和未来"非人类生态"世界的影响。

冰与流行文化

对许多人来说，严寒、霜冻和冰雪是生活中司空见惯的事物，它们无处不在，已经融入流行文化中，其中包括罗伯特·弗罗斯特和华莱士·史蒂文斯的动人诗篇、冰雪节、冬季休闲运动、电视节目（如《权力的游戏》）、电影（如儿童电影《冰河世纪》三部曲）、山区小说（如霍华德·菲利普·洛夫克拉夫特的科幻小说《疯狂山脉》）以及冬景美术作品等。

在加拿大，人们可以回忆起劳伦斯·哈里斯20世纪早期到中期的冰山、冰川、雪山和冻湖的艺术装饰画；罗伯特·瑟维斯的诗篇，如《萨姆·马吉的火葬》（1907）；因纽特人关于冰雪、雪鸮等标志性动物的传说；每年一度的杰克·弗罗斯特儿童冬季嘉年华（杰克·弗罗斯特是制造冰和寒冷的漫画超级英雄），以及有着丰富传统的法语、英语和因纽特语电影，如《阻止战争的狗》（1984）、《冰原快跑人》（2001）、《雪行者》（2003）和《北极守护者》（2013）。魁北克诗人、创作型歌手吉尔·维尼奥在1964年创作的歌曲《吾国》中提到，他的国家是冬天的缩影。玛格丽特·阿特伍德以加拿大北方的神话故事为蓝本，创作了《怪奇物语》，她将注意力集中在一个移民对加拿大北部的迷恋上。

在俄罗斯，人们很难低估冰雪和漫长冬季的作用，因为它们会影响俄罗斯数月之久。俄罗斯寒冷的气候对

康斯坦丁诺维奇·艾瓦佐夫斯基创作于1868年的帆布油画《小俄罗斯的冬季场景》

地缘历史的形成起到了重要作用。因为寒冷和冰层的存在，几波入侵势力都铩羽而归。尽管拿破仑在 1812 年率领了 60 万大军东征俄国，但还是以失败告终。恶劣的霜冻和降雪限制了军队的行进，士兵们在严寒中被冻伤，因此士气大减。

俄罗斯漫长的冬季为我们留下了各种描绘冰雪的文学作品和视觉作品，仅仅是寒冷也能唤起人类的各种情绪和状态，包括饥饿、悲伤、美好、幸福、了然和惊奇。亚历山大·普希金优美的诗篇《冬天的早晨》就展现了迷人的冬日景色：

> "蓝天下的雪地
> 像铺上了华贵的地毯，
> 在阳光下熠熠生辉。
> 树林灰蒙蒙一片，
> 透过寒霜
> 是苍翠的冷杉，
> 穿过冰层
> 是粼粼的河水。"

相反，另一位诗人维亚切斯拉夫·伊万诺维奇在《冬天的十四行诗》中，将冰雪比作 1917 年俄国大革命。因为在典型的俄罗斯冬季中，冰雪会释放出猛烈又冷酷的力量，使身在其中的人们受到寒冷、贫困和饥饿。而

瓦西里·瓦西里耶维奇·魏列夏庚创作于 19 世纪 的 油画《拿破仑莫斯科大撤退》

冬日结束后，对于家人健康和幸福的焦虑又使他更加绝望和忧虑。

　　涉及冰雪的传说、仪式和童话故事也被跨国共享。圣诞老人、冬至日、可恶的雪人，以及杰克·弗罗斯特（弗罗斯特老公公）也传播开来。在韩国，弗罗斯特老公公被称为"圣诞老人"或"圣诞老爷爷"。在中国，12 月 21 日或 22 日被称为冬至日，家人之间会分享节日特色食品。在美国，迪士尼乐园将可怕的雪人融入雪岭飞驰项目中，但比利时漫画家埃尔热却认为，雪人并不像一些作品中揣测的那样可怕。在日本的宝可梦系列游戏中，

雪人的形象被重新加工，成为能够召唤猛烈暴风雪和冰
雹的雪怪——暴雪王。传说中的杰克·弗罗斯特出自德
国和挪威的民间传说，人们认为虚构的杰克·弗罗斯特
掌控着冰、雪和霜，是人类冻伤和老宅窗户结霜的始作
俑者。久而久之，他也被想象成19世纪美国内战中的超
级英雄甚至是主人公。

在英国，冰雪和圣诞节有着不解之缘。人们每年都
在猜测会不会有白色圣诞节，家人们围坐在一起收看的
流行电视节目也有冰雪元素，比如讲述一个雪人带着小
男孩去寻找圣诞老人的故事——《雪人》。每年一月初，
奥地利都会举行伯赤塔赛跑人活动，这也是当地隆冬的

**韩国首尔市政厅门前
溜冰场**

民间仪式之一。身着白色服装的年轻男子头戴面具，手中挥舞着桦树和杉树枝（如今是摇响牛铃）以期迎来温暖的春天以及丰收和好运。

将冰雪与圣诞节联系起来还要归功于维多利亚时代形成的传统。当时"小冰河时代"进入尾声，人们在异常寒冷的冬季集市上买卖圣诞贺卡和圣诞树。查尔斯·狄更斯于1843年出版的故事，通过维多利亚时代流行的想象，将白雪、寒冷和圣诞节三者联系起来。狄更斯还与剧作家、小说家威尔基·柯林斯合著了一部关于失踪的富兰克林探险队的戏剧——《冰渊》，这可能激发了他对冰雪、寒冷和人类处境的兴趣。在《圣诞颂歌》的故事中，狄更斯以斯克鲁奇和在生活中被不平等的现实打击的普通人作为典型，描绘了伦敦的社会环境。狄更斯笔下的斯克鲁奇是个"没有凄风比他更凄苦，没有落雪降临他身边，没有喜雨应他所求"的吝啬鬼。前生意伙伴雅各布·马里和三个精灵的出现最终治愈了斯克鲁奇的内心，使他成为怀有慷慨和同情之心的圣诞老人化身。

而与狄更斯著名的圣诞故事相比，现在的孩子们可能对迪士尼动画电影《冰雪奇缘》（2013）更感兴趣。这部电影以汉斯·克里斯蒂安·安徒生创作于1844年的童话故事《冰雪女王》为蓝本，曾席卷北美、欧洲和东亚票房，角色包括贩冰人克里斯托弗、驯鹿斯文、雪人雪宝，以及虚构北境王国阿伦戴尔的公主——安娜和艾莎两姐妹。艾莎有一种特殊而危险的力量，能够把物品和人变成冰雕。通常情况下，艾莎都戴着紫色手套隐藏和控制魔法。但她不小心用特殊的冰冻魔法击中了安娜的心脏，使安娜在影片后半段逐渐变成冰雕。当邪恶的汉斯试图用剑杀死艾莎时，安娜跳到了姐姐身前。也就在这一刻，安娜彻底变成了冰雕。汉斯的剑刺在她冰冷的身上，刺杀失败了。然而，正是因为这一爱的举动（对姐姐艾莎来说，并非世俗的浪漫爱情）令诅咒失效，安娜恢复了原样。也因为身体形态的改变，安娜救下了姐姐艾莎。

冰与浪漫的欧洲人

18 世纪至 19 世纪前往南北两极和欧洲山脉的探险家、小说家和旅游家，都渴望了解、接触乃至展现冰雪。文学和影像发现了冰在商业和美学上的魅力，它的文化和经济资源，就像可以在南北极捕获的鱼、海豹和鲸鱼一样丰富。冰上也是进行实践的地方。并不是每一个到访过（或想过到访）北大西洋和北极地区冰封世界的人，都在寻找西北航道，或是打算从当地的海洋和冰层中谋利。

英国浪漫主义诗人塞缪尔·泰勒·柯勒律治就被冰雪的魅力深深吸引。他在西萨赛克斯郡读书时师承威廉·威尔斯，后者是詹姆斯·库克船长"决心"号上的

天文学家。威尔斯很好地将探索冰封海洋和寻找地图外世界的兴奋与激动传给了柯勒律治。后来，柯勒律治创作了史诗《古舟子咏》和《午夜寒霜》阐明冰、霜和雪的范围，并以此联想、探索世界的起源。对他而言，冰就是一个极地精灵。在《古舟子咏》中，冰和雾凇开裂、咆哮、号叫；但在《国家的命运》中，冰的角色截然不同。柯勒律治这次把北极想象成一片知识自由的净土，一个远离压抑的欧洲文化和社会的世界。

　　运用极地崇高美学理念，小说家如玛丽·雪莱（代表作为《弗兰肯斯坦》，1818）以及后来维多利亚时代的画家如爱德温·兰西尔，设想了一个冰天雪地的奇特世界，那里的冰雪常常与异形和怪诞思想有关。雪莱的故事主角是一个名叫维克多·弗兰肯斯坦的人，他认为自

古斯塔夫·多雷为塞缪尔·泰勒·柯勒律治的《古舟子咏》创作的版
画作品（1876）

冰

已可以控制在实验室中创造出的怪物。他向北极探险家
罗伯特·沃尔顿船长讲述了他的实验故事。受柯勒律治
诗歌的启发，雪莱描绘了一个笼罩着冰雪、迷雾和黑暗
的冰封北极景象。沃尔顿的船只在北极海冰中搁浅，而
怪物已经适应了那里的环境。弗兰肯斯坦之所以知道
这一点，是因为他此前在阿尔卑斯山的冰之海与怪物
相遇过。怪物嘲笑弗兰肯斯坦道："我的统治还没有结
束。只要你活着，我的力量就是完整的。跟我走吧，我
将去北极永恒的冰层。在那里，你会感受到寒冷和霜冻
的痛苦，而我不为所动。"然而，读者发现，这个怪物
最终为其创造者之死懊悔不已，在黑暗中走向了未知的
世界。

　　雪莱的小说出版时，恰逢人们对北极探险家们的英
勇事迹，以及关于可怕的海洋、冰层和天气的见闻兴趣
高涨之际。这些自然现象侵袭着船只和乘客，扰乱着人
们的心神。冰丑陋又美丽，不仅变幻莫测，还很吸引人。
在《弗兰肯斯坦》中，探寻北极点的渴望驱使着沃尔顿
船长前进。因为他相信，在浮冰之外定有一片开阔的极
地海域。用他自己的话来说，那是"一个美丽又让人心
旷神怡的地方"，同时期的探险家和地理学家认为那里是
一个充满和善、资源丰富，而且能够让他们远离尘嚣的
世外桃源。浪漫主义作家、艺术家和诗人帮人们形成了
一种对冰的看法：不是空白和超脱的表现形式，而是一
种能够对人类状态和想象可能产生洞见的物质。

电影《弗兰肯斯坦》
（1931）海报

约瑟夫·康拉德（曾驶过亚南极海域）在他的中篇小说《法尔克》（1901）中写道："人类的道德准则会在挣扎求生的过程中被冰摧毁。一艘失事的船只漫无目的地在南极海域打转，结束了与船上剩余船员的一番搏斗之后，主人公法尔克宣布，'他们都死了，但我不会死。只有最强的人才能活下来。这是多么伟大、可怕又残忍的不幸啊。'"从接连发生的事（富兰克林探险队失踪和格里利声名狼藉的探险），康拉德捕捉到了公众的消沉情绪。如果说富兰克林探险队失踪事件震惊了英国国民，那么格里利就让美国公众感到不安。格里利一行人在加拿大北极区的萨宾角寻找避难所时迷路，险些丧命。当他们在 1884 年 6 月获救时，原本 25 人的探险队仅剩 6 人，其中至少有一人因有偷窃食物之嫌被格里利下令处死。因此，在欧洲人和北美人之间流传着冰会勾起人类饥饿和绝望的说法。康拉德的小说捕捉到了一种时代认知——对极地探险文明的存在持怀疑态度。

原住民和他们的冰上世界

19世纪，欧洲探险家发现自己所处的世界与南极和高山上的世界大不相同，因此对北极冰层更有兴趣了。从古至今，北极一直有人类居住，其中包括阿拉斯加的因纽特人、阿鲁提克人、阿留申人和阿萨巴斯卡人，加拿大北部的因纽特人、育空人，格陵兰的卡里拉特人和因纽特人，分布在斯堪的纳维亚和俄罗斯科拉半岛的萨米人，俄罗斯北部和西伯利亚的楚科奇人、埃文人、埃文克人、涅涅茨人、尼夫赫人和尤卡吉尔人。居住在北极圈以北的400万人中，约有30万原住民。

原住民一直拥有关于北极的复杂故事和神话，其中含有北极冰、雪和水等元素。

因纽特文化是传承几千年的口头文化，讲故事是文化体系再创造的基础。故事搭配歌舞和实物（如雕刻）进行传播。因纽特神话是由一些非凡人物的传说衍生来的，比如掌管海洋动物命运的海洋女神塞德纳。作为一种依赖捕鱼生存的文化，安抚塞德纳的情绪对当地居民的生存至关重要。其他传说也解释了为何北极地区有鱼，而冻原上没有树木的原因。

对因纽特人来说，冰层、海洋和变幻莫测的天气造成的危险也为神话注入了灵气。这些神话强调北极是极度危险的地方，充满了可怕的恶魔。在一些故事中存在着人们看不到的可疑人物，他们会引诱儿童下海，或捕杀不小心落入海中的人类。

回到陆地，因纽特人和原住民的神话也帮助人们实现对格陵兰岛内部的想象。在格陵兰岛西部的文化中，人们认为山峰是危险的，所以更多地开展海上活动，比如捕鱼。内陆探险只在短暂的夏季举行，属于季节性活动，且对多向外拓展的族群来说并不是寻常活动。因纽特的英雄是一个能够深入内陆冰雪王国的人，他能够战胜怪兽、巨人和埋伏在暗处等待勇士和愚蠢者的尾随者。古希腊人认为格陵兰岛内部是一个复杂的巨型迷宫，神话中的生物在当中伺机而动，等待着不幸进入的人。如果忒修斯除掉了弥诺陶洛斯成为古希腊人的英雄，那么与群熊、巨人、幽灵和海怪对峙的基维尤克也可以称得上是因纽特人的英雄。

圣埃利亚斯山脉位于美国阿拉斯加、加拿大卑诗省和育空地区的交汇处。人类学家朱莉·克鲁伊克申克认为，当地居民（即阿塔巴斯卡人和特林吉特人）认知冰川的方式与欧洲和北美的探险家和旅行者截然不同。

与前去旅游的人不同，生活在当地的人认为冰川是人与人之外物质"渗透的边界"。占据山顶、遍布山区的冰是一种生动的力量，具有听觉和嗅觉等感知能力。细心留意当地人和非当地人对于冰川认知的明显差异，克鲁伊克申克希望通过对冰川的口头描述，更好地理解人们是如何感知冰川能够对人类的行为做出反应的。

靠近巴芬岛弗罗比舍
湾的因纽特人村庄插
画（1865）

冰与崇高性

　　每当想象和描绘冰雪时，崇高的力量以及耐久的优
点都不容小觑。冰蕴含并体现了崇高的精神。在1750年
至1850年，一批艺术家、诗人、作家及其批评家为冰
层和山脉创造了新的美学规范和描述方法，并展现了其
威胁人类生存的自然力量和非凡规模。比如在众多画家
中，透纳与积雪盖顶的阿尔卑斯山的邂逅，又如诗人珀
西·比希·雪莱，在面对雪覆满山的阿尔卑斯景观时的
沉吟，都是这一时期著名的例子。对艺术家和诗人来说，
冰不仅有一种伟大感，还能够使人愉悦，因为观众和读
者皆在安全处境，摆脱了冰的自然力量和品质。崇高也

卡斯帕·大卫·弗里
德里希创作于 1824
年的帆布油画《冰之
海》

受到哲学思想的启发。如我们所见，埃德蒙·伯克的
《关于崇高与美观念之根源的哲学探讨》（1757）帮助我们
了解自然，也包括冰层和山脉。如他所说：

> "任何宜于激发痛苦和危险想法的东西，换言
> 之，任何可怕的东西（是非常可怕的物体也好，使
> 人联想到恐怖的事情也罢），都是崇高的源泉。也就
> 是说，它是心灵能感受到的最强烈的情感。"

卡斯帕·大卫·弗里德里希的画作《冰之海》（1824）

约翰·布雷特创作于
1856 年的帆布油画
《罗森劳伊冰川》

展示了冰层崇高性的主题。弗里德里希从未去过北极，
这幅画基于他对易北河冰层的想象和一手的观察资料完
成的，是他想象的产物。参差不齐的冰块杂乱地堆叠在

一起，高耸、直指天空的景象令人惊异。然而，当你仔细观察时会发现，海冰间隐约有艘船。行进的船只被冰攫住动弹不得，只有洋流、暖风和升温齐上阵才能助其脱身。对后世穿越北极海冰寻找航道的水手来说，弗里德里希的画作是对他们可能面临景象的警示。

关于冰的崇高性，最有趣的一个例子是约翰·布雷特在 1856 年创作的《罗森劳伊冰川》一画。出生于英国的画家布雷特曾到访瑞士，并在维多利亚时代的艺术家和艺术评论家（如约翰·威廉·英奇博尔德和约翰·拉斯金）处得到了灵感。出于对瑞士地理环境和生物的迷恋，并受到拉斯金"山川之美"的启发，布雷特在瑞士中部的罗森劳伊小村庄里度过了一个夏天，其间，他还见到了英奇博尔德。画作《罗森劳伊冰川》冰和岩石相映成趣，真实地反映出他对此地地质特征的迷恋在这幅美妙的画中，人们第一眼看到的往往是展露在前、被精心描绘的巨石，而在巨石背后，是对其虎视眈眈的冰川冰。这让人联想到汹涌的河流。冰层似乎不肯避开裸露的岩石，反而准备继续降临并冰封它们。人们由此生出一种特别的感觉：画上的一切都是原生态的，是未经人类修饰的，岩石见证了冰填平、覆盖和勾勒其下地表沟壑的能力。

人类也是冰与崇高性关系中不可缺少的部分。维多利亚时代的画家埃德温·兰西尔戏剧性地捕捉到了冰的崇高，他感到压抑甚至可怕。在兰西尔对富兰克林爵士为寻找西北航道不幸探险的描绘中，北极是一片由四处掠食果腹的北极熊主宰的残酷荒原。一艘失事的船、一面撕破的旗帜和几具人类遗骸，加剧了人们绝望和恐惧。1864 年，兰西尔创作时人们正寻找富兰克林失踪探险队。寻找西北航道虽然颇具商业吸引力，但实际也像兰西尔描绘的一样，是件傻差事。

多灾多难的冰山

1912 年 4 月沉没的"泰坦尼克"号仍令人记忆犹新。这虽是一次灾难性的处女航，却并不是第一次冰山灾难。19 世纪，许多船只曾面对灾难。1849 年 5 月，"玛利亚"号在加拿大海岸线附近与冰山相撞。这艘船本应从利莫瑞克载上移民，驶向目的地魁北克市。令人出乎意料的是，船上的 121 人中仅有 12 人幸免于难，他们或是搭乘附近的船找到避难所，或是紧紧抓住浮冰漂流很久才获救。最早的事故发生在 19 世纪 20 年代，当时冰山撞沉了从纽芬兰出发的"山石"号和"卓越"号。值得注意的是，许多沉船是从北美东海岸出发的。在加拿大海岸线附近纽芬兰等地发现的许多冰山，是由西格陵兰岛冰川形成的。更糟糕的是，由于南方的温暖海水与北方寒冷洋流交汇形成了浓雾，航行就越发危险了。这些对当时世界上最大的客轮都是毁灭性的。"泰坦尼克"号撞上冰山，造成 1 500 余人丧生。获救的 700 名乘客因为在冰冷的海水中足够冷静，等到了附近的"喀尔巴阡"号客轮救援，并把他们载到了原定目的地纽约。"喀尔巴阡"号船长后来汇报说，当时周围海域满是海冰，其中包括部分达数百米高的冰山。

不同于以前有关冰山的灾难，"泰坦尼克"号的沉没令公众异常痛苦和震惊，直到第一次世界大战爆发前一直主导着英语文化圈。这次灾难的死亡人数是先前事故

1912 年 4 月驶离南安普敦开启处女航的"泰坦尼克"号

的 9～10 倍。诗人、小说家和画家都用自己的方式对这一事件做出诠释。

英国作家托马斯·哈代是最早描写"泰坦尼克"号失事的作家之一，他在诗歌《合二为一》（1912）中这样写道：

> "为她——
> 一艘如此快乐的巨轮——
> 准备了一个不祥的旅伴，
> 冰的轮廓，尚在远方游离。
>
> 气派的大船
> 愈发意气风发，
> 冰山隐匿在暗处，
> 远远地在寂静中膨胀。
>
> 它们看似毫不相干，
> 但凡人哪能预见，
> 不久的将来，
> 这二者会不分彼此。"

这首诗是哈代为"泰坦尼克"号海难基金会所作，当中用"不祥的旅伴"来形容决定巨轮生死的冰山，不同凡响。钢铁巨轮撞上庞大冰山，"不分彼此"显然非人所愿。

1912 年 1 月 17 日，
罗伯特·斯科特及其
探险队在南极拍摄的
照片（用绳子拉相机
快门拍摄）

最终，人类、巨轮和海冰的孽缘在一场大火中化为灰烬。

时机也使这次沉船的意义变得更加重大。就在 1912 年 3 月下旬（但直到 1913 年 2 月才向世界披露），斯科特及其南极探险队全军覆没，此后不久便发生了"泰坦尼克"号沉没的事故。我们甚至可以将 1912 年视为全球公众冰上活动的警戒年。一支由罗尔德·阿蒙森带领的挪威探险队终于到达了南极，而一艘曾号称"永不沉没"的英造游轮却葬身于纽芬兰附近的浮冰海域。与遇难的斯科特一行人一样，"泰坦尼克"号上英雄主义与自我牺牲的故事，以及外界对他们无能的指责、不幸的惋惜，一直流传至今。令人震惊的是，再也没有一艘船像"泰坦尼克"号一样，因为撞上冰山而沉没。最近一次与冰山有关的事故发生在2007年，"探索者"号在南极海域沉船，船上所有人幸免于难。

从惧怕冰到担心冰

在西方文化中，关于崇高的美学影响及其与冰关系的讨论经久不衰，但崇高本身却发生了转变。与19世纪文学作品和视觉表现主导的敬畏、迷恋和恐惧相比，我们与冰的关系已经由技术上的崇高转变为后人类的崇高。曾经，我们为得以掌控冰而欢呼雀跃；如今，人类利用冰的流失推测自己未来的命运。在美学上，山川、极地、海洋和冰山的价值，都前所未有地被探险家、艺术家、科学家和小说家们采撷。在日常生活中，警示冰的损失、动荡和缩水的文章、书籍随处可见。而与"泰坦尼克"号在北大西洋相撞的巨大冰山形象，似乎和现代因升温变薄、后退的海冰实体形成鲜明对比。我们或许仍会被冰改变，但我们的文化和想象力语域是否同样发生了变化？

无论怎样，这种转变并不简单。现代登山者和探险家们对冰的敬畏和恐惧感有着大量描述。探险纪录片如《触及巅峰》和《顶点》（2012）仍秉承着一种崇高的审美，这种观念认为冰是原始、巨大又神秘的。在此环境下，人类有时为了生存只得孤注一掷。山作为客观存在的生动实体，人们认为它是高大而多变的，既能够释放出巨大力量引发雪崩和暴风雪，也能够展露冰川和冰碛下复杂的地面空间，还可以拯救幸存者，埋葬罹难者。对乔伊·辛普森来说，他在攀岩时不慎坠入一个极深的冰隙，但是地下的"冰迷宫"给了他一条生路，他设法到更深的裂缝中，并在那里找到了一个可以攀回冰川的洞口。他拖着伤腿，忍饥挨饿，经过连日爬行，终于回到了大本营。乔伊是幸运的。而不幸的是，登山者的遗体一直停留在他们去世的地方，比如珠穆朗玛峰上有名的"绿靴子"——泽旺·帕卓。他于1996年罹难，遗体一直留在原地15年，最终被带下山安葬。

在一些人的登山和极地探险记录中，冰似乎是无休无止存在的，但它也是短暂和脆弱的。在《逐冰之旅》

登山者"绿靴子"遗体（后经证实为泽旺·帕卓）

（2012）中，英国国家地理频道摄影师兼作家詹姆斯·巴洛格谈到了他对气候变化的最初怀疑，并提出了是人为因素导致冰流失的看法。他利用延时摄像技术开展了一段视觉叙事，记录了冰川多年的状态。在影片中，对冰流失的恐惧迫使他和观众直面了一个不可思议的无冰世界。在个人冒险旅程结束时，他是否成了人为气候变化存在的拥趸呢？

伴随着冰的融化，观众们不禁会思考，当冰消失或不再出现时会发生什么。这能够向我们揭示过去和未来的秘密？我们能否继续讲述冰的故事，并赋予其无数品质（如友善、敌对、恐惧和美丽）、动态（如冻结、融化和运动）和表现形式（如感受、经验，以及美梦和噩梦）？或者我们必须找到转嫁这些想象的其他物质？

冰在我们的生态和文化方面激励、维持、娱乐和保护人类。如果我们继续滥用它，必然会产生违背自然的恶果。

冰的地缘政治

　　冰封的大地也会受到地缘政治角色和利益集团的掌控，只是需要时间和空间环境的推动。英国地理学家哈尔福德·麦金德（1861—1947）就对其所称的"心脏地带"大国角色颇感兴趣。在他1904年发表的著名文章《历史的地理枢纽》中，名为《心脏地带》的配图将北冰洋简单地描绘为一片"冰海"（相对静止和堵塞的状态）。他判断称，未来的大国都将被吸引到欧亚大陆南部，因为那里的人口、资源和交通网络都与更广阔的世界相连。但他万万没想到，北极比"冰海"地区还要广阔。

　　加拿大作家、探险家维海默·斯蒂芬森则持不同观点。他曾在哈佛大学学习，并先后在冰岛、美国阿拉斯加以及加拿大北极区进行探索，深入当地居民开展民族志工作。作为极地探险家，他既有一连串的失败和误判，又曾与当地人共同生活，学习他们的语言和文化。在《友好的北极》（1921）一书出版后，他的知名度大大提升，因为书中提出了北极地区环境适宜、资源丰富的观点。斯蒂芬森的目标是让北美公众了解北极，并正面挑

战一种观点——北极的高纬度地区是由一片荒原和边缘
地区组成的。但他也受到了同行探险家的抨击，其中就
包括著名的挪威探险家罗尔德·阿蒙森。阿蒙森斥责斯
蒂芬森是一个不肯承认北极危险、弄虚作假的骗子，并
指出北极远不是人们想象中可以定居和开发的友好之地。
不幸的是，阿蒙森于 1928 年死于一场空难。当时他正在
寻找他的朋友和探险伙伴安伯托·诺比尔的下落。在电
影《红帐篷》(1969) 中，阿蒙森这一角色由原版"詹姆
斯·邦德"扮演者肖恩·康纳利饰演。该片讲述了主人
公在北冰洋寻找诺比尔的故事。

　　斯蒂芬森以其巧妙又或许有争议的"友好北极"主
张，为北极地区流行地缘政治的表述做出了贡献。他不
仅使人们关注北极的居民和资源，还号召读者和听众去
看地图。受他的影响，人们回想起古希腊人曾对北方有
更积极的看法，并将这里想象成绝非荒原的人间天堂，

1913 年 9 月 20 日，
走下"卡勒克"号捕
鲸船的维海默·斯蒂
芬森和他的加拿大北
极探险队队友

称这里为"极北乐土"。这个世界虽然难以进入，但只要成功到达这里，人们都能享受到身心盛宴，在这充满丰饶气息的生态系统中，季节流转无足轻重。1922 年，斯蒂芬森在美国《国家地理》杂志上撰文：

> "北半球地图显示，北冰洋就是扩大版的地中海。因为夹在大洲之间的北冰洋，与欧洲和亚洲之间的地中海有几分相似。过去，这里曾是一片难以逾越的海域，但在不久的将来，这里不仅可以通行，还将成为大陆间最受欢迎的航道——至少在特定的季节这里更安全、更舒适，而且从这里到其他地方距离更短。"

在他生命的最后十几年里，斯蒂芬森见证了向北极投放资金和想象中的事情变为现实。第二次世界大战表明，一些国家对南北两极颇感兴趣。德国潜艇把北大西洋和北冰洋的部分地区，变成了威胁支援苏联的盟军护航队的险境。战争策划者们渴望深入了解极地的天气和海冰，以及其对作战指挥造成干扰甚至推动的能力（例如，隐藏或掩护敌军的战舰和飞机）。斯蒂芬森从未想过他口中"友好的北极"会陷入战争，但"二战"的爆发确实将北极和周边海域变成了战区。他想象中的那种经济发展没有实现，在冰天雪地和极寒海域寻找出路却成了当务之急。不过他也意识到，尽管战争取代了资源

开发成为探索北极的主要驱动力，但也促使全球地缘政治的北向维度被重新调整。到 20 世纪 50 年代，核潜艇和破冰船的使用为击破和穿过大片海冰创造了新的可能。冰会破坏船只声呐，充当藏身之处，光滑的特质还能为地缘政治服务。20 世纪中叶起，西北航道和北海航线等通道变得越发重要，它们使北冰洋地区释放出更大潜力，军事和民用航运可以既面向目的地，又具有过渡性。

冷战助长了一系列号称"冰的地缘政治"的行为，它们既在冰层上下穿梭，也扎根于冰上。为方便制图和实体占有，人类需要投资地图、国旗和基地，并在山川、冰原、海冰和冰盖上长途跋涉。测绘和勘探是正式宣示主权必不可少的前奏，而有效占领世界上的冰封地区，也为人类占领者及其装备带来了特殊的挑战。不过，由于边界常被卷入各种争端，冰封地区的主权很少没有争议。占领制高点，并宣布对其空间和实体的实际控制，是国家话语权和抵抗侵略势力的象征。在冰地缘政治的不断迭代中，冰层和极端天气常常促进或阻碍殖民。控冰的确很吸引人，但它也对意图殖民、定居和管理极地的人具有挑战性。命名虽然在一定程度上限制住了不断移动和难以控制的冰，但国际边界仍未定型，因此意大利正式承认了"可移动边界"：因为当冰川后退时，它们会改变边界标记的位置和基于流域动力学的边界判定。在南北两极和全球山区，冰阻碍出行、破坏基础设施，以及影响驻扎在偏远哨所人们的事已屡见不鲜。与温带和寒带地区相比，这里人口密度往往较低，建设集群和定居的传统标志（如田地、树篱和道路）已经很难，更不必说维护了。冰层的移动，加上不利的黑暗和寒冷，也会对地缘政治计划产生严重破坏。受其影响，探险队走入迷途，飞机失事坠毁，船只被困冰海，连基地也被冰盖的涨落弄垮。但是，我们在审视冰地缘政治时也应当承认，冰封地区也产生了举世艳羡的合作和外交模式。在将南极建设和维护为世界第一个和平区方面，科学外交可以说是最有力的表现之一。

冰

拥有冰

每当审视地图时，我们的目光都会被代表200多个国家及其领土界线的色块线条吸引。提到土地所有权，地球上很少有土地不是被个人或某个政治实体所有的，无论是地方政府、行政区划、区域性组织、国家机构还是全球大国都不例外。但如果你仔细观察，这一简单规则最明显的例外就是南极洲，如果更加仔细观察还可以发现，有关国家边界的一系列不确定性和争端，多少会涉及世界上被冰雪覆盖的偏远地区。现行的国际政治体系基础大多源于位于温带和低洼地区的国家。冰川、冰原和冰盖仍然对现代主权构成挑战，南极洲的政治历史基本上是根据近200年的大事件形成的。19世纪人类的探险和开发揭开了冰封雾罩、独立水中大洲的神秘面纱。20世纪早期的地图也只粗略地确认了南极洲由一块冰盖和岩石组成，但对于其是否至少由两块冰体组成，则普遍存在不确定性。欧洲和北美的地理学家和探险家渴望"填补空白"。1908年，以英国为首的各国政府首次对这片冰封大陆提出领土要求，南极洲争夺战拉开了帷幕。19世纪90年代，正当"争夺非洲"的热潮在逐渐消退之时，又有一场新的争夺战在更远的南方展开。

冰被当作冻土，人们认为它是予取予求的物质。由于当地没有原住民，也没有其他国家对其提出领土要求，南极被划为无主地——不属于任何人的土地。1885年的柏林会议上，关于非洲事宜已经敲定，所有被视为无主地的土地都需要相关方出示有效占用认领土地的证据。一旦通过所有权标记确认了政权，占领方就会通知其他国家，该领土不再是无主地，紧接着就会建立基地和邮局。

在澳大利亚和新西兰两个殖民地的帮助下，大英帝国开始扩大对南极洲的主权要求，并向其他国家征收费用，如在南乔治亚等岛屿的捕鲸站向进行捕捞和加工鲸鱼（鲸油和骨头利润丰厚的商品）的挪威收取税费。20世纪英国国会议员兼保守党大臣利奥波德·埃默里就将南极洲视为帝国计划的延伸。1919年至1928年，英国官方政策将南极洲视为英国的专属领地。但在法国和挪威先后对南极洲提出主权要求后，这一计划化为了泡影。他们也分别在1923年和1939年对南极洲进行了勘探、有效占领和宣示主权行为。在"二战"前夕，阿根廷和智利也紧随其后，但他们并不认为这种行为是在模仿欧洲的主权要求国，相反，他们只是在行使教皇法令15世纪就规定好的继承权——根据西班牙和葡萄牙的全球勘探结果划分世界范围。作为西班牙帝国位于美洲的继承国，阿根廷和智利认为南极洲距离南美洲最近，是其领土的自然延伸。因此也紧随英国、澳大利亚、新西兰、法国和挪威的步伐，成为主权要求国的一员。

在认领、开发和定居南极洲的过程中，有些事情是非常诱人的。南极洲看上去就像一片"空旷之地"。不像其他被宣称为"无主之地"的地方，这里根本不存在原住民。冰层似乎只是供养着不可食用的企鹅，或是有商业价值的海豹和鲸，连渔业也很晚出现。南极洲有 99% 的地区被冰覆盖，一切物资都只能从其他地区进口。建立基地和证明有效占领需要建设性和政治性兼顾的努力，看起来必然很忙。阿根廷、智利和英国都认为本国拥有南极半岛上的同一块领地，并派出人员对有关地区进行测绘、勘测和评估。邮局被建立起来，信件也贴上

1916 年 3 月，南乔治亚岛古利德维肯的捕鲸工厂内解剖鲸鱼的景象（去除鲸脂）

国际地球物理年活动
的苏联邮票

了阿根廷、智利和英国的邮票，一场"纸上战争"就这样爆发了。到1950年，有7个国家对南极洲提出了主权要求，另有两个国家（美国和苏联）保留了将来提出主权的权利。南极洲只有一部分不适宜人类生存活动的地方无人认领。

推进这一争议领土达成国际共识的是国际地球物理年活动的主要目的。此外，人们也意识到各利益相关方无法用19世纪的"无主领土"和"有效占领"概念解决分歧。自1885年《柏林条约》签订以来，世界发生了翻天覆地的变化。冰天雪地的南极洲可能一直无人居住，但当美国和苏联跻身超级大国时，欧洲殖民主义的背景发生了变化。两国都公开反对殖民主义，并共同参与了为期18个月的国际地球物理年活动，举全球科研之力，旨在证明南极洲是一个国际公有领域，不属于任何一个国家。他们以科学和人性的名义扫除了事实上的国际分歧。这是一个不负众望的举措，因为冰是国际化而非国有化的。另外，两个超级大国都建立了一系列的"国际地球物理年"基地，并特别选址在南极大陆中心（如美国位于南极点的科考站）和最偏远、最寒冷的地方，即"相对不可接近之极"（苏联），以此展现他们的基础设施和地缘政治力量。

国际地球物理年结束后的一年里，美国召开了一次讨论南极洲未来的会议。12个国际地球物理年参会国家，包括7个主权要求国，以及比利时、日本、南非等缔约国，就《南极条约》达成一致，宣布南极洲应为和平和科学而使用。该条约特别规定南极洲为非军事化、无核武器区。为确保合作顺利进行，缔约国均同意暂不考虑存在争议的南极洲主权问题。所有权问题并未得到解决，只是被推迟而已。1991年，南极洲以《关于环境保护的南极条约议定书》的形式得到进一步保护。该议定书于1998年生效。

拥有冰川

国土面积较小，又多被冰川覆盖的国家，比如瑞士，已经发展出了本国的冰川所有权和管理安排。根据《瑞士民法典》规定，冰川是与湖泊和河流类似的公共水体。作为法律的客体，冰川被认为不适合耕种（因此在法律上和地理上冰川都不同于可以被拥有和耕种的牧场），并且被列为共同使用的公共财产。尽管除管理冰川环境的规定外，各州的具体法律制度各不相同，但出入和使用冰川都受到相应的监管。唯一一座冰上酒店建在罗纳冰川上，即冰川罗纳酒店，首次营业接待了旅游爱好者赛尔乐一家。这家酒店虽然仍然存在，但根据瑞士法律，它已无法获得冰上产权。

在瑞士这样的国家，冰川和牧场交接的地方可能会造成局势紧张。牧场的起点和终点在哪里？如果冰川后退，土地露出并被耕种，造成牧场扩张，又会发生什么？边界是否可以合法移动？与国际边界一样，冰川边缘、山峰和基点在帮助识别冰川和牧场环境是否为一系列法律的制定发挥作用？几百年前对边界和地区的描述往往与当代的观测不符。19世纪以前，冰川地区的命运很大程度上被想象而非法律干预决定。冰川是使人惊叹、

瑞士冰川罗纳酒店

引人攀登、令人恐惧的物体。随着国家法律适用范围的扩大，联邦政府和各州对冰川拥有了进一步的控制权。

过去 50 年里，冰川已经成为日常法律制度的重要组成部分。随着它们在环境、美学和商业上的价值得到认可，其法律的适用范围也在扩大。滑雪胜地的规章制度就是一个典型例证，当局急于对什么可以做，什么可以建造，以及谁会从冬季滑雪者和夏季登山者处获利，施加控制。他们还需要管理和维护物品与基础设施——缆车、步道、滑雪道、道路等。此外，事故和灾难也给当局和保险公司带来负担，所以，还需要将进入冰川的游客的人身健康和安全考虑在内。但有时，冰川作用的物理力量也会将一切安全举措化为乌有。1965 年 8 月，瑞士阿尔卑斯山的阿拉林冰川边缘崩塌，导致在附近修建水坝的 88 名工人丧生。冰的所有权带来了从外交到赔偿的一系列挑战。

作为一种能源资源，冰川也受到法律和监管部门的关注。冰川是地球重要的水资源，并为河流系统（包括南亚的印度河和恒河）供应了必要的水源。水坝的建设、所有和保护对各个国家至关重要，同时冰川还可以引起环境和军事保护问题。在瑞士，联邦政府和各州政府必须通力合作以履行不同职责，其中包括保护被联合国教科文组织列为世界遗产的冰川，以及管理和规范 13 个滑雪场。缆车的开发往往是决策过程中最具争议的项目之一，因为其存在虽有碍自然景色的美观，但在经济发展、

挪威菲耶兰的挪威冰
川博物馆

环境维护等方面，也带来了便利。

1991 年，瑞士、奥地利、意大利和德国等欧洲国家就保护阿尔卑斯山脉这一议题，签订了《阿尔卑斯公约》。公约在承认国家对该山脉部分冰川和冰原享有主权的同时，还指出有效监测和保护需要国际合作。阿尔卑斯山占地约 19 万平方千米，附近约有 1 400 万居民，近6 000 个地方机构参与不同形式的地方行政管理，这为有效管理带来了相当大的挑战。因此，每年各缔约国都会召开会议讨论一系列问题，主题包括自然灾害、水资源、牧场管理、生态、人类利用以及交通和旅游。

奇怪的是，公约并没有明确提到冰、雪或永冻层，仅在序言中提到：

> "知晓阿尔卑斯山脉是欧洲最大的、未受破坏的自然保护区之一，以其与众不同又多样的自然生境、文化和历史，构成了欧洲中心地带的经济、文化、娱乐和生活环境，为众多民族和国家所共有。"

如果谈判在 20 年后达成，那么《阿尔卑斯公约》可能已经强调过阿尔卑斯山的特色：冰雪。然而，该公约有一点是明确的，它承认缔约八方对阿尔卑斯山冰雪覆盖的部分区域各自享有国家主权。但是，采掘的潜力在缩小，各方可能会自问：在不能以同样方式采集的地区，"临界点"是否正在迅速逼近？

不可移动的边界

国际边界对国家很重要。它们代表了国家管辖权的范围，并界定了包括资源使用在内的所有权。冰川通常地处偏远，且国家基础设施配备不全，但它们的确为当地和国家增添了资源、环境、审美和文化价值。国家间叙述不详尽的条约和绘制不完善的地图边界确实会引发冲突。当所涉环境地处偏远、局势动荡或令试图通过条

法国和意大利之间的
法国边界标记，只在
夏季的几个月可见

约划定分界线的人感到困惑时，任何形式的地缘政治分歧都会使局势变得更加复杂。地图上绘制的国际边界没有明确规定线条宽度，实物也可能与人们想象中的不同，它们可能是一条沟渠、一排篱笆、一条山脊、一条河流和（或）一排树木。边界标记，特别是在偏远地区，还可能因为雪崩、山体滑坡或争议各方的故意混淆而消失。

可移动的边界

在世界上许多地方，国际边界是按照河流、山脉、沙漠、河漫滩等地理特征划分的。所谓"自然边界"，就是使用自然地理特征划出的边界。这在人类历史上早已有之，比如古希腊和古罗马帝国为了扩张和殖民，必须穿越山川、大海和河流的自然边界。然而，确定国家的界限并非易事，因为自然边界或许并不稳定。河流可以且确实会改变流向，而山脉（尤其是冰川和雪原）会变形（融化）。在冰雪流失非常严重的阿尔卑斯山脉，瑞士、意大利和法国三国不得不就其不断变化的边界问题开展谈判，大部分问题在 19 世纪已得到解决。在阿尔卑斯山脉，河流和冰川对划定界限至关重要。冰川的最高点通常被选定为确认点，人们在此确定哪条线可以被利用成为边界线。气候变暖导致阿尔卑斯山脉环境整体变暖，冰川地理位置变更，造成了冰川和流域的最高点及顶峰不断变化的净效应。人们担心，如果气候变暖趋势持续下去，到 2050 年，阿尔卑斯许多地区的冰川可能会消失。

意大利和瑞士有长约 750 千米的国界线。在其中部分地区，如巴索迪诺冰川，边界线已移动了数米，只是该地区偏远，交通不便，边界线移动听起来无伤大雅。但即便如此，这也可能成为挑起世界其他国家纷争的问题。鉴于此，双方签订了双边协议，并利用航空摄影和摄影测量技术重新界定了这些边界。2009 年 5 月，当时的意大利政府出台了新的法律，正式说明边界因其可移动性而无法固定。

任何对国家边界更改的行为，即使是在山顶和冰原等无人居住的偏远地区，都有可能因猜疑激起民族主义情绪。在阿根廷和智利，国家的测绘工作主要掌握在军事地理学家和曾被称为军事地理研究所（现为阿根廷国家地理研究所）的机构手中。两个国家被安第斯山脉隔开，形成了一条长约 5 600 千米的边界线。这条线从北部的沙漠地带一直延伸到巴塔哥尼亚南部的冰原和陡峭的山脉，最后终止于比格尔海峡和德雷克海峡。阿根廷和智利都曾对南极半岛提出主权要求。划分两国共同边界的法律准备始于 1881 年，至今仍在进行中。一方面是因为南部边界地处偏远、海拔较高且属冰封环境，划界工作难以开展；另一方面，政治和舆论也对此问题高度敏

巴塔哥尼亚南部冰原
的航空照片

感，不容有失。

20 世纪 70 至 80 年代，军事政权主导的边界划定工作陷入更大的地缘政治阴谋中，合作变得越发困难。英国在南大西洋的出现使阿根廷的情况变得更加复杂。尽管该情况在 20 世纪 80 年代末有所改善，但 90 年代初发生的一场关于"沙漠之湖"的争端提醒人们，偏远和无人居住的地区也可能会激发政治热情。沙漠之湖位于南巴塔哥尼亚冰原的北缘，因山谷、冰川和河流的相对位置优势，阿根廷比智利更容易到达此处。争端被提交到国际仲裁，边界也随之移动，以便阿根廷行使先于智利的主权。1995 年提出上诉未果后，智利最终接受了这一决策，但部分位于更南方的边境地区仍存在争议。

2008 年，两国就巴塔哥尼亚冰原的最后一段边界归属达成了协议。此处虽然大面积被冰封，但在春夏两季会提供重要水源。最后 50 千米路段仍需要双边协议和议会批准才能建立边界，双方一致认为未来冰川融化可能再次迫使边界移动。如果一切措施都无法奏效，那么两国或许可以从挪威的一项方案中得到启发：2017 年芬兰庆祝独立 100 周年前夕，挪威变更了两国边界线，送给芬兰一座大山。

可移动的冰

在法律意义上，海冰与陆地冰、依附在陆地上的冰大不相同。它会自行移动，也会被拖走（引发令人关注的所有权问题），有时还会被故意拆散。如果冰是海洋的一部分，也应该归《联合国海洋法公约》条款管辖范畴。但除一特定条款（即第 234 条"冰封区域"）外，公约认为世界海洋中基本没有冰。不过，第 234 条对加拿大和俄罗斯等环北极国家意义重大，因为他们作为最近的沿海国，被赋予了特殊权力：

> 沿海国有权制定和执行非歧视性的法律和规章，以防止、减少和控制船只在专属经济区范围内冰封区域对海洋的污染。这种区域内的特别严寒气候和一年中大部分时候冰封的情形对航行造成障碍或危

"维京"号在芬兰
赫尔辛基港

险，而且海洋环境污染可能对生态平衡造成巨大损害或无可挽救的扰乱。这种法律和规章应适当顾及航行和以现有最可靠的科学证据为基础对海洋环境进行保护和保全。

在海洋世界的许多区域，海冰或是恒定存在，或是季节性存在，正如第 234 条所述，"一年中大部分时候"（即至少六个月零一天）都有冰，沿海国可以对使用者实施特殊环境管制。对于波罗的海、加拿大东海岸的部分地区、美国北部等航运繁忙的地区来说，海冰是一个巨大挑战。五大湖每年冬天都会产生大量的湖冰，需要动用破冰船并联合美国和加拿大海岸警卫队处理。北极地区有一条传说中的"西北航道"，无数欧洲探险家及其赞助者坚信，这条航道就是一把通往充满商贸机会的新世界的钥匙。海冰和恶劣天气对这些冒险家和水手产生了极大阻碍，即使现在，该地区许多海域的搜救能力也很有限。西北航道仍然是一个充满挑战和困难的地方。

对加拿大来说，西北航道的法律地位一直是历届政府关注的焦点，他们认为这条航道并非公认的国际交通要道，而是加拿大"历史水域"的一部分。而美国认为，西北航道符合联通大西洋和北冰洋公海的"海上通道"这一法律标准。这种差异并非是在咬文嚼字，而是因为西北航道的归属决定着国家和国际利益。如果该通道属于"历史水域"，那么沿海国（本例中是加拿大）就可以通过该水域，更大程度地限制试图通行的其他国家的船只。相反，如果是国际海洋法规定的国际过境通道，则第三方的船只可以在较少限制下通行。加拿大辩称，由于西北航道常年存在海冰，国际航运需求水平低，加上地理跨度大和复杂性极高，因此这里从来都不是国际通道。西北航道的测绘情况仍不理想。

对西北航道中心的管控既要考虑历史用途，又要兼顾海冰的危险性。两者相互作用最明显的例子发生在20世纪60年代末。当时美国油轮"曼哈顿"号在西北航道开展了第一次商业航行，这是一个不涉及欧洲市场的初步行动，旨在考察北坡（阿拉斯加）的石油是否可以通过加拿大北极区运输到美国本土48州。建设输油管

1985年，美国海岸警卫队的"极星"号在西北航道进行了一次颇具争议的航行（未经加拿大政府授权）

不仅费用高昂，还会涉及与当地人漫长的谈判。阿拉斯加的石油船运似乎很有吸引力，因为只有一个利益相关方——加拿大政府需要处理。果不其然，这次航行惊动了加拿大政府，时任总理的皮埃尔·特鲁多担心，如果"曼哈顿"号完成此次过境航行，将为未来的商业航行创造先例。航行已经开始，且需要加拿大方大量破冰船的帮助。

在"曼哈顿"号航行的不利影响下，加拿大政府援引环境管理作为应对措施。他们将引发灾难恐慌的海冰定位为"安全航运"的危险因素，航行活动需要加拿大当局的进一步监管。毕竟，没有人希望看到1967年"托里谷"号的灾难（在康沃尔郡沿海溢油）在北极重演。根据1970年《北极水域污染防治法》的规定，希望穿越加拿大北极区水域的航运者还应进一步承担安全义务。同时，加拿大开始在《联合国海洋法公约》相关的国际谈判中将冰提上议程。在一些国家的支持下，《联合国海洋法公约》第234条帮助加拿大缓解了对西北航道的忧虑。公约允许沿海国保护冰封水域免受在其海岸线200海里范围内作业的商业船舶造成的海洋污染。

海冰被视作一种主要的航运危险。皮埃尔·特鲁多总理曾在1970年告诫人们，"超级油轮'泄漏'一事本就荒唐"，而国际海洋法依然未能解决新的环境威胁——石油和其他污染物泄漏进入海洋和冰封环境。对穿过脆弱北极水域的油轮需要采取紧急行动，而加拿大正把自已定位为北美水域和海冰的特别守护者。《联合国海洋法公约》第 234 条经常被加拿大当局视为国家外交的最大胜利之一。人们认为冰封水域应得到特殊保护，应允许近岸国家对试图越过极地水域的国家实施更高的环境标准。但即便如此，灾难仍然在北部海域发生。1989 年 3 月，"埃克森·瓦尔迪兹"号在阿拉斯加州威廉王子湾附近触礁，事故起因是油轮船长试图避开相对狭窄航道上的冰山。此次事故使美国损失了约 1 100 万加仑（约 4.16 万立方米）的石油，影响了阿拉斯加 1 000 余英里（约 1 610 千米）的海岸线，并造成数十万海鸟和其他物种死亡。2004 年，一位联邦法官责令美国埃克森公司支付 45 亿美元的惩罚性赔偿金。该公司因救灾不力受到批评，而此事故也成了长期以来在冰封水域操作大型船舶固有危险的警告。

尽管加拿大评论员一直劝告美国承认西北航道是加拿大的"历史水域"，但几乎没有证据表明美国的立场会有所改变。北冰洋海冰的流失也可能会动摇"北方水域仍被冰层覆盖"的说法，尤其是在夏季。几十年后，当北冰洋海冰的命运以截然不同的方式被概念化时，加拿大还能否成功推广《联合国海洋法公约》第 234 条？因为现在，海冰作为一种正在消失的物质，不仅易受到海洋变暖的持续影响，而且在一年的大部分时间中也都难觅其踪。

冰地缘政治的替代品

迄今为止，我们对冰地缘政治的绝大多数思考，是受到相关国家及其参与的国际制度和组织影响的。2004年，一支以巴联合探险队登上了南极洲布鲁斯高原（以苏格兰博物学家威廉·斯皮尔斯·布鲁斯的名字命名）附近一座海拔 2 700 米的高山。在山顶，他们正式将这座山峰称作以巴友好之山，并宣布：

> "我们，破冰行动成员，以巴南极探险队，结束了从中东家园到地球最南端的长途海陆跋涉，现在站在这座无名之山的山顶。通过这次登顶，我们证明了巴勒斯坦人和以色列人能够在相互尊重和信任的情况下通力合作。"

在北极地区，当地人与海冰和陆冰有着非常特殊的关系，这与主流的地缘政治学视角截然不同。在他们看来，冰不是一种被控制和调查的资源，而是使人口流动并获得必要食物来源的物质。作为一种多以口头传播的文化，因纽特人和当地一些民族的传统知识往往通过讲故事来传达，并非西方意义上的地图绘制。对于生活在这一地区的人来说，北极过去和现在都是由一连串小径组成的环境，这些小径将环极居住的聚落与钓鱼湖、狩

20世纪80年代至2017年北极海冰总量减少示意图

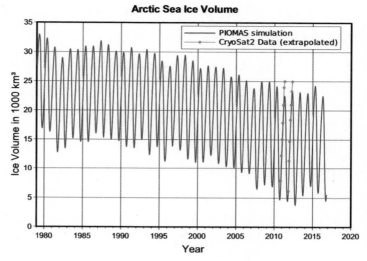

猎场和必要的其他食物供应处联系起来，确保了季节更替下居民的生存。地名和小径是因纽特人遗产中不可或缺的一部分，并体现了它们与冰层、陆地和水长久以来的关系。此外，地名还描述了冰的形成和穿过冰的路径。加拿大和英国多所大学共同开发的"泛因纽特人小径"项目，使用了一系列交互式地图来展现加拿大北极区领土边界的变化。

该项目进展的同时，也有其他项目适时进行。例如，根据加拿大北极区多塞特角周边集群的经验和记忆，"因纽特人海冰知识和使用地图集"项目得以开展。因纽特人的活动和冰上生活直接关系到地缘政治，尤其是在人们对北极地区的资源和主权有着前所未有兴趣的时候。因纽特人的小径和小道与公路、铁路和机场的标记方式不同。它们并不像永久性或半永久性的现代基础设施；相反，这些路线通常是季节性的，而且对外族人来说是很奇特的，其范围从步道到船只，再到海冰上穿梭的雪橇。季节至关重要，冬季月份因为冰层更厚通常更安全，更适合游历，但这也为其带来了一系列挑战。调整在海冰边缘或极地高原可能发现动物的区域，对于保证集群生存至关重要。每年，年长的猎人都会向年轻的群落成员分享知识和经验，以确保知识能够世代相传。然而，由于季节变化加上北极环境整体变暖，知识传授在某种意义上成为过时，因为海冰已不再是以往"理应"持久存在的物质。

每一张因纽特努南迦特（居住着约 5 万人的因纽特人故乡）地图都以其独特的家园为原点进行绘制，当地居住着跨越了陆地、海洋和冰层界限的约 53 个集群。

与从古到今的探险家和旅行者不同，因纽特人对海冰很有感情。这是他们真真切切的生活根基，而且冰脊、冰压力点和冰隙等特征是其与当地和西方社群相互活动、交换和接触密不可分的部分。

因纽特人于 2009 年发表了《因纽特北极主权宣言》，这与那些公开争论未来北极地缘政治的国家政府形成有趣的对比，宣言明确指出：

> "因纽特人居住的广袤环极地区，包括陆地、海洋和冰层在内，称作北极。我们依靠北冰洋、冻

土和海冰区域沿岸的海陆动植物生活。北极是我们的家。"

它还明确表示，因纽特人希望在与北极资源、主权和管理相关的所有讨论中成为积极的合作伙伴：

"随着各国越来越重视北极及其资源，气候的不断变化也使北极地区更易抵达，因纽特人的积极参与对所有关于北极主权及其相关问题的国家和国际审议都是至关重要的。例如，谁拥有北极，谁有权穿越北极，谁有权开发北极，以及谁将对北极面临的社会和环境问题负责。我们有独特的知识和经验来进行这些审议。因纽特人成为积极参与今后北极主权所有讨论的伙伴，这对因纽特人和国际社会大有裨益。"

该宣言以一种反地缘政治的形式，谨慎地提出了长期存在的殖民遗留问题——将北极视为某些国家权力投射的空间，而对以北极为家的因纽特人漠不关心的行径。

未来的冰地缘政治

冰雪世界将如何影响和塑造未来的地缘政治？冰雪往往不符合西方的地理想象。在他们的观念中，人类最终可以通过国家的行政和管理手段来定居、开发和管理地球。与固定财产所有权相结合的基础设施发展是民族国家运作的方式之一。在世界偏远和动荡的地区，冰的边界抵住了人们定居和管理的冲动；而在高海拔和冰封的地区，边界又很难被确立和划定。此外，由于恶劣天气和雪崩、地震等重大事件的影响，边界标志可能也确实会发生位移。

最终，冰雪的命运将决定地球的格局。南北两极、喜马拉雅山脉及其他冰川将决定未来海平面、淡水供应以及人类最终居住的范围。大规模人口流动有其现实可能性，包括伦敦和迈阿密等城市在内的低海拔地区似乎易受此影响。曾几何时，人类怀着敬畏、恐惧和担忧之情注视冰原、海洋、沙漠和山脉，并体验着身在其中的生活。他们相信，只有勇敢无畏的人才会遇到如此非凡的空间和环境。曾经的边缘和偏远地区现在已发生变化，我们可以更好地理解它们在调节行星系统的水热交换方面的主导作用。鉴于冰雪的生存前景黯淡，科学家向人们发出呼吁，世界将受洪水侵扰并面临水资源紧张和人口不断增加的困境，后者需要共享能源资源、食物供给和活动空间。

与冰共事

　　冰雪是珍贵的商品。没有它们，滑雪场就会关门。在现代冷冻技术出现之前，冰贸易是伦敦、纽约等大城市的许多居民日常生活中必不可少的部分。军方以冰雪环境为契机，在冰天雪地中作战检验自身和装备。掌握对抗寒冷天气的技术对航运商同样重要，他们渴望高效且安全地驶过冰封水域，并开展业务。正如日本久负盛名的札幌冰雪节，从滑冰到冰雪节，再到冰雕公园，冰对旅游活动的帮助也得到了证明。

　　在19世纪，冰远不是供人玩乐的物质，而是繁荣兴旺的大生意。这曾是令美国荒野作家亨利·戴维·梭罗心绪不宁的事，因为他曾看到许多爱尔兰工人从瓦尔登湖以及后来的马萨诸塞州斯拜湖凿挖冰块。在1846年的严冬，梭罗惊诧地望着成千上万吨湖冰被凿采并打包送往别处，冰就这样被掠夺并出售了。一次偶然的机会，让梭罗见识了美国采冰公司的工作效率。到19世纪，冰已经成为一种全球性的商品，是现代城市发展、易腐货物运输及保存的必备之物。正如梭罗在《瓦尔登湖》中

1852 年，美国马萨诸塞州斯拜湖的采冰活动

指出，"不论是美国的查尔斯顿和新奥尔良，还是印度的金奈、孟买和加尔各答，热得难受的居民，都在我家的井边喝酒"。冰不再是富人的专属物品，与其他商品一样，需求的上升刺激了那些负责开发和向新兴市场输送冰的人。

冰之贸易

现在，我们普遍认为多数家庭拥有冰箱或冰柜，能够根据需要储存和制造冰。然而很早之前，人类就用冰盒保存易腐的食物了，这是一个装有河冰或湖冰的密封容器。在美国寒带区域采集的冰，通过河冰或湖冰的进口商供应给纽约等主要城市的居民。采冰是一个利润丰厚的行业，在创建和扩张过程中有一位灵魂人物需提及，那就是 19 世纪的波士顿企业家弗雷德里克·都铎。他提出了一种观点，即把多余的冰留在新英格兰真是暴殄天物，应当将它们送往气候温和的地区用以保存食物、冰镇饮料和治疗疾病（比如为发热的患者降温）。利用在新英格兰采集的冰，都铎开发出国内和国际的冰贸易业务，为远在纽约、马提尼克岛、孟买和里约热内卢的客户服务。不过，初次面向马提尼克岛的出口并不顺利：秸秆包裹的湖冰虽在运输途中得以保存，但由于加勒比海岛屿的码头没有合适的贮存场所，最终难逃融化的命运。

作为一名企业家，马提尼克岛的失败并没有令都铎望而却步。他在目的港投资了贮藏点，并找到了利用锯末包装和运输冰块的新方法。一旦建立并确定了贮藏点和存储技术，贸易网便会扩展到美国南部的其他城市（如查尔斯顿和新奥尔良）以及古巴和牙买加。货一交付，都铎便迫切地推销他的产品。在酒吧里，他也会劝酒吧员工向顾客提供加冰的威士忌、黑麦威士忌和杜松子酒。直至 1825 年，都铎一直在研究如何从新英格兰的补给区增加湖冰的开采量。探险家、发明家纳撒尼尔·怀斯与都铎联手，通过采用马拉式切冰机彻底改变了冰行业，冰斧和冰锯从此再无用武之地，多年的繁重凿采工作一去不复返。工人们在切开湖面冰层后，会用铁棒挖出大块的冰块，并将其存储在马车上以便运往各地。由于冰块是标准化大小，该公司能够以类似于现代集装箱行业的方式处理冰。因为冰块大小均匀且有更好的存储方式，更能保障规模效应。这使美国的湖冰即便在船上航行数周，也能完好无损地到达目的地印度，并可以随时取用。新英格兰的冰在印度引起了轰动，使得都铎及其公司赚得盆满钵满。到19世纪50年代中期，每年约有15万吨冰从波士顿港出发，前往印度和日本。

在英国，19世纪的采冰贸易更加坎坷，因为湖河冰的产量并不像美国那样庞大。出自泰晤士河和其他水体的运河冰及湖冰不仅形状不规则，还因为城市污染而质量很差。英国乡村住宅，如位于英格兰南部南唐斯丘陵的佩特沃斯楼，在18世纪就建造了冰库，并从斯堪的纳维亚半岛购得了"洁净的冰"。19世纪50年代末，温汉姆湖冰公司从挪威进口冰，满足了富人的需要。维多利亚女王也赐予该公司"皇室御用"。进口的冰由买家储藏在冰屋、冰库甚至地下冰窖里，代表人物是19世纪瑞士的企业家卡罗·加蒂。他自19世纪60年代起就发展当时伦敦未成气候的冰淇淋产业。在他的带动下连杂志和报纸也开始推广和宣传新兴的冰产业。

19世纪的冰贸易改变了人们的日常生活，从饮酒习惯的变化到处理食物的全新方式，包括食物的保存和贮藏方式。冰块为全球食品业铺设出全新的道路。曾几何时，易腐产品的运输、储存和消费只能依靠腌渍和脱水来实现。而在当时，运输"新鲜食物"已成为现实，随着都铎尝试成功运输了苹果、黄油、奶酪和鲑鱼，食物消费的季节性也发生了变化。冰流通于世界各地，将美国与东亚和南亚的市场联系起来。都铎的高明之处在于，他利用很平常的东西说服了全世界的消费者，冰可以改变他们的饮食习惯。

冷冻之国

19世纪，冰贸易让人们越来越喜欢冰，且更加了解冰。尽管冰盒可以储藏冰块，但因其容量有限，需要补充湖冰。如果有可能在自己家生产并储存冰，不再依赖供冰商呢？有两个人使这一设想成为可能。1851年，詹姆斯·哈里森制造了第一台冰箱，不过这与我们认知中的小型家用制冷机器相去甚远。后来，技术创新使得冰箱更小巧，而哈里森又转向了制冷革命。建造和维护冰室、冰窖以及开展切冰产业延续了上百年，而大约在150年前，我们才真正开始掌控冰的形成和储存。

都铎于1864年去世。仿佛注定有人要进一步发展冰产业，几年后，克拉伦斯·伯宰在伦敦出生。在完成生物学学业后，他开始从事毛皮贸易，并在加拿大的拉布拉多省待过一段时间。看到当地居民在冬月冷冻食物，他又对如何冷冻食物（如最近捕获的鱼）越发感兴趣。经过对解冻过程的研究，他确定在外观和口味方面，鱼

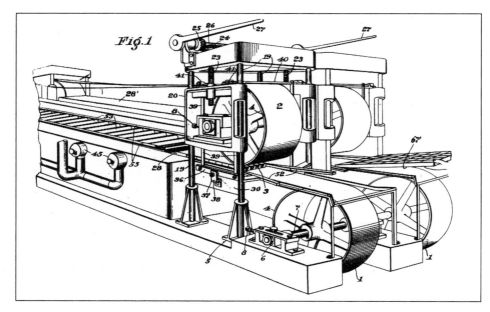

Fig.1

1930 年 8 月，速冻机专利设计图

和蔬菜等其他食品更适宜速冻。经过反复试验，伯宰于1926 年推出了他口中的"速冻机"，并顺势成立了一家公司——通用海产公司。该公司后来被通用食品公司收购。

速冻机是一项了不起的创新，它与冰贸易一样，进一步改变了食品的生产、储存和运销方式。速冻机可以急速冷冻食物，然后将其装入防水包装袋中。通过 5 年的试验与改进，伯宰于 1927 年 6 月申请了一项专利，该装置可将食物冻结，以此达到冷冻和储存的目的，冷冻革命由此拉开序幕。但更值得一提的是，伯宰对毛皮贸易的兴趣远远大于冷冻生意。当时的他或许不知道这项发明的重要性，甚至曾向伟大的物理学家阿尔伯特·爱因斯坦直言自己关于制冷的想法没什么用。

赢得全球公众的青睐，要靠成功的营销和一贯的品质。随着战后越来越多家庭拥有冰箱和冰柜，食品冷冻的实现预示着一场便利革命。夏季冰源的广泛公开供应与冰箱等家用电器一样，都是当时文化前沿的一部分，因为它们都是技术优越性的表现。超市的发展既能够呈现冷冻食品，又能够展示令人眩目的罐头食品。20 世纪

冰

50 年代，由美国资助的国际食品分销大会在意大利等地举办了展览，旨在向欧洲民众展示各种各样的食品，包括普通超市里的冷冻产品。

现代冷冻技术源于人们对因纽特鱼类冷冻技术的观察，但五十几年后，冷冻食品被投放到截然不同的环境中使用，这与其发明者的初衷大相径庭。20 世纪 40 年代末，冷冻食品被美国类杂志标榜为重新调度现代家庭生活的利器，至少对女性及其时间管理有帮助。被想象为生产经理的女性，从及时准备新鲜食物的束缚中解放出来，并向她们的丈夫证明投资冰箱是一项理性与经济兼

20 世纪 40 年代的冷冻食品手册

具的决策。一些杂志称，冰箱甚至可以使人们更愿意在厨房停留，因为他们也渴望看到冰是如何奏效的。此时美国处于领先地位，其他西方国家紧随其后，但速度要慢得多。1948年，只有1%～2%的英国家庭拥有一台冰箱，该数字到20世纪50年代末才上升到略超10%。相比之下，同期的美国有96%的家庭拥有冰箱。

到20世纪70年代，冰箱已成为多数北美和欧洲家庭的标配电器。但我们往往会忘记，英国家庭冰箱的出现往往要比北美家庭晚得多。英国人气喜剧《老天保佑》中有一集名叫"冰冻的限度"，就讲述了冰柜对日常家庭生活的影响。这一集于1976年1月首播，当时家里有冰箱还是一件很前卫的事。这也解释了为什么那时候北美游客总是感叹英国在食品冷冻和冷藏技术方面的落后。当时英国的啤酒还是不够冰，食物保存和储藏条件也很差。20世纪80年代冰箱和冰柜都更为普及时，冰淇淋等冷饮和其他冷冻品的销量也一路水涨船高。还有新开的超市专门供应冷冻产品，比如冰岛在1970年11月成立的第一家商店就将"冰箱革命"带到了当地的千家万户。到1980年，冰岛已经开设了30多家商店，主要分布在英格兰北部和威尔士。与此同时，在美国的阿拉斯加、加拿大、丹麦的格陵兰岛等地区，消费者仍在高价购入进口新鲜食品。

冰的工程

可以说，冰的"驯化"和冰箱的出现是人类更广泛地利用冰雪。人们见证了冰箱销量和冰需求的增长，而科技界关注的重点则是如何应对变化多端的寒冷天气，更好地了解和预测冰雪现象，其涉及的雪崩、永冻层、冰暴以及冰雪的范围和规模往往相当惊人。一次大型的雪崩会释放出超过 20 万立方米的积雪，并覆盖周围大面积区域，深度可达 3～4 米。1970 年 5 月，一场雪崩导致秘鲁瓦斯卡兰山的积雪冲下北坡狂飙 18 千米，摧毁了沿途的一切，当地两万名居民也未能幸免。

随着人们对北极地区地缘政治兴趣的不断增长，战后一些国家的面向寒冷天气的工程也因此受益。他们资

雪崩警示路标

助并鼓励工程师更好地了解热力学、岩土力学、水力学及其共同作用对冰雪的影响，以及对基础设施、供水，乃至民事和军事行动的效用。对雪崩等灾害的管理是一个具有现实影响力的领域。雪崩仍然是致命的，它横扫基础设施、毁坏树木，甚至是活埋人类的威力有目共睹。

科技在研究冰呈现方式方面的进步有助于人类解读雪崩，包括雪晶如何根据温度、湿度和一般大气条件而变化。雪崩科学家已经确定，积雪的形成方式对决定风险等级至关重要，因为当雪被压实时，冰晶的结构也会发生相应变化，而变化的形式取决于地表水和雨水的作用和渗透、融化和再冻的周期以及温度变化曲线。这些将确保地底的雪比表层积雪更暖。最终结果是各种各样的冰混杂在一起，就像不配套的拼图相互交错。

当积雪受高温、规律的冻融周期，以及疏松而非压缩雪层的影响时，发生雪崩风险就很大。雨水和融雪可以起到关键作用，使积雪克服摩擦，固定在山脉或冰洞的一边。雪崩的严重程度取决于积雪中最疏松一层的位置。最坏的景象在电视和电影中也经常出现，那就是板状雪崩。积雪会滑过基层雪，并在滑落斜坡的过程中崩解，触发因素包括天气的剧烈变化、回声或人为干预。在灾难电影《雪崩》(1978)中，坠毁的直升机就是雪崩的诱因，而动作片《绝岭雄风》(1993)中，也有一群犯罪分子为引发雪崩，故意对雪堆发动爆炸袭击的情节。

对于雪崩时不幸被掩埋在积雪之下的人来说，厚重的雪层使其逃生希望渺茫。在"007系列"之《黑日危机》（1999）中，主人公詹姆斯·邦德设计的雪崩逃生装置——充气夹克，不过是异想天开。大多数人被掩埋在雪崩冰雪中，通常几分钟就会窒息。因此，任何在雪崩中幸存下来的人都是幸运的，并且能够迅速得到紧急救援。2003年阿尔伯塔省某学校师生在郊游时不幸遭遇雪崩，以下是一位幸存者的叙述：

> "等我回过神来就发现自己已经在雪里了，我能感受到雪就压在身上。我还记得那种腾空飞起，在到达顶点时又回到地面，最后下沉的感受。当时我心想，完了完了，怎么还往下掉。刚开始，雪层还是流动的，但再往下它就变得硬极了。我什么都挪不动，连自己的手指都动不了。怎样才能上去？哪条路会继续下沉？周围一片漆黑，我什么都做不了，什么也看不见。"

他活了下来，但七位同伴不幸遇难。对一些人来说，即使完善的救援基础设施发挥最大效力，他们也无法抵御铺天盖地的雪崩，根本无路可逃。

雪崩科学家了解到，雪崩的预防和控制有赖于谨慎的管理。雪崩对人类的生命和财产同样耗费巨大，破坏力强。所以该研究与基础冰川学研究一样，试图更好地理解与积雪有关的雪层和冰的力学机制。在实验坡上，

美国华盛顿州喀斯喀特山脉北部一次板状雪崩造成的雪冠断裂

研究人员故意触发小型雪崩，以便更好地了解雪堆的大致行进方向。冰雪巡逻是高海拔地区的常规活动，但是在偏远和人迹罕至的区域巡逻也十分考验能力。这些地方是滑雪、徒步、雪地摩托骑行、登山和其他活动（包括军事训练）的理想场所。

20世纪50年代初，阿尔卑斯山脚下的奥地利和意大利就遭遇了一系列致命的雪崩侵袭。这次灾难过后，欧洲国家在积雪观测领域投入了更多资源，观测目标包括控制雪量激增，防止积雪进一步积聚；尽可能再生森林资源，以此作为冰雪冲击的天然屏障；投资硬件工程，包括雪挡结构、雪桥和防雪网。此外，滑雪场和娱乐区也设置了更好的标识，以此警示游客远离高危区域和非滑雪道。

瑞士在雪崩预防方面一直处于世界领先地位。第一批设施始建于19世纪，此后，1950年至1951年冬季发生了一连串备受关注的雪崩灾害，又推动了国家的进一步投资。在最易受雪崩影响的区域，国家兴建了长达 500 千米的钢索雪桥和雪网。就维护而言，投资费用相当可观，每年可高达数百万瑞士法郎。但对一个拥有达沃斯和圣莫里茨等度假胜地的国家来说，滑雪和冬季运动是其旅游业的命脉，资金投入必不可少。在瑞士联邦冰雪和雪崩研究所的建议下，全国上下根据雪崩风险绘制地图并进行颜色编码，等级由高到低为红色、蓝色、黄色和白色。该国面临的最严峻考验在 1999 年 2 月，那次雪崩造成 17 人死亡。人们普遍认为，防雪措施拯救了人们的生命和基础设施。据估测，20 世纪 50 年代初以来，瑞士当局在雪崩预防措施上投入了约 8 亿英镑（约 67 亿人民币）。

在阿拉斯加的大学、美国北部地区和多山的几个州，先后建立了面向寒冷天气的工程，其中就卓越学术中心是研究雪崩科学的。在蒙大拿州立大学，学生可以学习到关于雪的科学知识，而在华盛顿大学，学生们可以主修寒区工程，学习积雪水文学以及它对国道的影响。军事和民间组织已经充分认识到寒区工程的效用和重要性。1979 年，美国土木工程师协会成立了寒区工程部。甚至早在 1961 年，美国陆军工程兵团就在新罕布什尔州建立了寒区研究与工程实验室。

对登山爱好者来说，雪崩预警如今越来越普遍，来自美国林业局国家雪崩中心等机构还会提醒人们可能出现的危险信号，如积雪断裂线，甚至雪堆受压发出的响动。这无疑是一大喜讯。正如他们官网中告诫的："在国家森林中雪崩造成的死亡人数比其他任何自然灾害都要多。保障安全最好的方法是了解状况、接受培训、携带救援装备，以及远离危险路径。"

冰上战斗，冰下深掘

在过去一个世纪中，民事和军事投资让人们更好地观察和了解冰原、山地环境，以及海冰和冰山之下的水世界。比如，第一次世界大战表明，军事活动不仅可以在比利时和法国平坦的土地上开展，还可以到以冰、雪和岩石为主的高海拔地区进行。奥地利和意大利军队在其共有的阿尔卑斯山高海拔边境爆发了冲突。1915年5月至1918年11月，阿尔卑斯山脉和意大利多洛米蒂山脉成为山区冲突的风口浪尖，当地海拔超过2 000米，气温常年低于零度且风力强劲。冲突双方都为基础设施建设和工程项目进行了投资，包括钻探山体建造人工洞穴、壕沟和隧道，修建缆车以便运输和存储山区生活所需的物资。

为在考验重重的条件中生存下来，双方还成立了具有专业山地求生和战争知识的专家组成的专科医生小组，训练内容包括滑雪、攀冰和寒地医疗。双方都意识到占领高地的战术优势，并使用炸药故意引发雪崩和山体滑

冰

坡灾害。最著名的事件发生在 1918 年的夏天，当时奥地利和意大利军队在海拔 3 600 米以上对峙，双方为占领战略重地圣马特奥峰不断炮轰对方，奥地利军队最终获得了短暂胜利。尽管没过几个月，奥地利和德国军队就缴

1915 年至 1918 年间，驻扎在多洛米蒂山脉的意大利军队组图

械投降，但在当时这场战役仍是一个很好的例证，说明在这样一场冰川环绕的山峰保卫战中，士兵和火炮是如何作战的。2004年，冰层消退露出了三具奥地利山地士兵的尸体，位置就在芬兰士兵所处的山顶附近。

第二次世界大战的爆发引发了进一步投资，并推进了寒区的作战训练。比如，剑桥大学的斯科特极地研究所就是寒地天气情报的重要智库。1945年以后，斯科特极地研究所聘请了一批科学家，其中包括讲俄语的特伦斯·阿姆斯特朗，他曾是苏联及其远北地区开发领域首屈一指的专家。讽刺的是，阿姆斯特朗读完手头的科技报告后，对推进苏联的北极科学研究作用并不大。海军出征需要知晓海冰预报情况，空军需要更好地了解极地天气对飞行的影响，陆军则主要关注冰雪对关键基础设施的影响。但随着时间的推移，苏联科学家越来越不愿意分享他们的海冰研究成果。

在北极地区，冰雪天气会持续数月。最明显的是俄罗斯和北美北极区，那里不像北欧北极区。当时寒区情报是由战争经验形成的。两次世界大战都为战士们和观察者带来了启示——冬季战事需要向专业训练、装备，以及对冰雪挑战的先进科技理念进行投资。"二战"结束后，美国率先考察了在北极、寒区和山区环境中训练和作战所需的条件，并在华盛顿州和阿拉斯加州先后组织了寒区训练队。1948年，在确保派往北美北极北缘的所有部队都接受过登山、滑雪和生存技能方面的培训后，

陆军北极学校在阿拉斯加格里利堡成立。这所学校负责
研究寒区和山地战争的理论，到 1963 年，随着培训项目
的增加，美国决定在阿拉斯加温赖特堡成立陆军北方作
战训练中心。

美国武装部队的其他分支也在发展他们在寒天训练
的能力，并利用其余寒区进行训练。美国海军在北极和
南极洲分别发起行动。前者规模较小，只有 6 艘船在阿
拉斯加、加拿大和格陵兰海岸从事测绘工作，后者则雄
心勃勃，由 13 艘船组成的舰队带领近 5 000 人和 33 架飞
机向南极挺进。后者旨在为美国南极计划提供后勤保障，
并在南极建立一个新研究站，行动过程中广泛使用直升
机。后来又一行动使美国海军与美国南极科学界之间形
成了长期联系。它使得美国海军队员经常处在寒冷天气

美国一架海岸警卫队直
升机在探索期间起飞

中，而该区域又在很大程度上脱离了剑拔弩张的局势。虽然地处偏远，但所有的寒区行动都有一个共同点，那就是进行了大量的摄像和录像。即使在 20 世纪 40 年代，美国海军也希望展示自身在棘手环境中的工作能力，但随着形势的变化越来越多由船只、飞机和潜艇收集的图像及测绘情报不再公开共享。

海冰航行

寒天训练的另一个方法是派战斗机轰炸海冰和河冰，这种训练方式通常并不是空警的实践，而是小说家的想象。但凡事有例外，2015—2016 年冬天，新闻媒体报道了俄罗斯战斗机飞行员活跃在西北部的交通要塞沃洛格达地区的消息。因为当地的冰塞阻塞了一条冻结的河流，当局授命战斗轰炸机前去将河冰炸毁。事件起因是当地官员担心冬末化冻的迹象会引发洪水泛滥，故希望投下激光制导炸弹摧毁该河段的阻塞物。在两艘破冰船清除未果之后，空军接到了命令。

对苏联而言，海冰和河冰的存在一直是心腹大患。在 20 世纪的大部分时间里，由于冬季的严酷、内陆洪涝的危险和北方地区大规模的积雪，处理海冰一直都是大事。苏联修建了道路，开放了港口，到 20 世纪 30 年代，它还修建了连接其北极水域和波罗的海的白海运河。

20 世纪 20 年代至 30 年代，当西方科学家只持续关注海冰而冷落冰川和冰原时，由科学家尼古拉·祖博夫和国家海洋研究所主导的苏联极地科学可谓一枝独秀。祖博夫在巴伦支海进行了四次航行，考察了海洋温度、海水交汇和风流在海冰形成与分布中的相互作用。后来，他在第二次国际极地年（1932—1933）活动中被任命为国家委员会秘书，负责国家北部和北极水域海洋学的深入研究。他最著名的著作是《北极的冰》。该书于1945年以俄文出版，后在1963年由美国海军航路局译成英文。后者渴望拜读祖博夫关于"空气—冰—水"系统的论文，希望以此学习如何利用气压读数预测海冰的深度和厚度。

"二战"残酷地揭示了北大西洋和巴伦支海的海冰对航运的重大威胁。正如苏联研究人员认识到的，护航舰令冰体承受着切断、挤压和破裂的打击。海冰的覆盖范围和厚度本就不同，而这种打击使得海冰更加大小不均，形似补丁，而且易受海洋和风流的影响四处漂流。预测海冰就像炼金术，这种魔法只有对相关的冰封海洋进行仔细、长期的研究才能生效。如祖博夫所言，学术上畏首畏尾的人不适合做海冰形成和漂移方向的研究。海冰科学家不仅需要了解冰物理学、海洋化学和气象学，还要时刻准备着多次驶入海冰源区。

了解北极海冰的动向直接影响到当时的军事计划。苏联科学家和军方官员希望能够预测海冰形成和扩散的年度周期。这不仅对服务北部海岸至关重要，对确定民用和军用船只在极地水域的潜在活动也很重要。在苏联北海航线已不再是早期欧洲探险家们（如休·威洛比爵士和威廉·巴伦茨）魂牵梦萦的航线。到 20 世纪，维他斯·白令等探险家在一系列航行中探索了本国的北部地区，并对当地河流和海岸线进行了陆地测绘与水文测量。20 世纪 20 年代至 30 年代，破冰船也投身于探险工作中。受雄心勃勃的管理者、极地科学家奥托·施密特领导，北海航线首席指挥官支持，破冰船进行了广泛海冰观测。1932 年，"切里斯基"号被困于海冰，最终失事沉毁。正是时任船长的施密特令被困的船员和乘客静待救援，最终才保住了所有人的性命。他也因此美名远扬。

到 1937 年，北冰洋附近有多个气象站、破冰船和漂流站（第一个是"北极 1 号"）服务于北海航线。高水准的海冰预测即代表运行安全，保证了北海航线作为苏联出口木材、毛皮、煤炭和鱼类运输路线的长期经济活力。

绘有核动力潜水艇"列宁斯基·科莫索莫"号在海冰中穿行图案的苏联邮票

从在格陵兰岛西北部的极北之地建立新空军基地，到 20 世纪 50 年代初启动环极远程预警系统，美国对于北美北极圈的野心越发膨胀，并渴望获取苏联更专业的海冰研究知识。由于大多数安置在极北地区的设备和基础设施要通过船舶运输，因此海冰预报显得尤为重要。深陷海冰必然造成船舶延误，还会产生恐怖的想象：苏联能否更好地预测海冰情况，并将其化为战略战术优势为己所用？后来，演变成苏联潜艇能否潜藏于海冰之下？美国的水下监视是否足够严密，在各种干扰下，侦查出敌方潜艇？

1958 年 7 到 8 月，美国海军特意安排"鹦鹉螺"号开展水下航行，为消除美国公众的不安。离开美国西海岸后，这艘核动力潜艇虽在开始遭遇了海冰的阻碍，但仍成为第一艘穿越北极的潜艇。这次航行展示了美国技术，包括可以实现长期水下航行，测试冰层下潜在障碍物的新型导航系统。如果说苏联的研冰英雄是尼古拉·祖博夫，那么在美国，这个人就是首席科学家瓦尔多·里昂。正是他在温暖如春的加利福尼亚圣迭戈北极潜艇实验室，打响了"鹦鹉螺"号行动（又称"阳光行动"）的第一枪。然而，美国公众在庆祝"鹦鹉螺"号顺利航行时并不知道，就在几个月前的 1958 年 2 月，美国、苏联、日本和欧洲的冰学家，召开了一场关于北极海冰的会议。即使苏联当时并没有直接参与，美国作为主办方也开始分享有关海冰特征的信息，包括物理成分、分布区域以及对航行的影响。

美国和苏联海军之前收集的北极海冰和航行信息自 20 世纪 90 年代起，开始逐步向民间科学家公布。但是，俄罗斯对海冰的研究和预报依然非常敏锐，一些人强调，与苏伊士运河传统的贸易路线相比，北海航线更近且更省时，因此吸引了越来越多的商业关注。如果选择北海

美国阿拉斯加州北部
的远程早期警报线

航线，那么从丹麦鹿特丹港出发到达日本横滨的航程将缩短数千千米。伴随着海冰变薄和后退的报告，俄罗斯正在推广北海航线作为未来的水上商路，因为它不仅可以向运营商收取过境费，还能够加强对相关水域的主权。

然而，长远看来，俄罗斯的未来经济发展仰仗于通过北海航线对北极进行资源开采，并向亚洲及欧洲市场输送液化天然气。因此对俄罗斯来说，海冰预报仍然是至关重要的，特别是目前的作业季节仅限于 7 至 11 月。从 19 世纪至今不论使用什么新技术，包括采用船载无人机提供实时的海冰预报,在海冰中航行都是危机四伏的。明显改变的是,科学家和海岸警卫队比以前更乐于分享关于北极海冰的见解。北极圈诸国和国际海事组织意识到,它们在确保航运安全方面有着共同利益。海冰的减少并不意味着其不再是船舶航行的一大挑战。

如果没有适当的指导方针和规章制度来预测未来气候变化对工业发展和资源利用(如渔业、邮轮运输和航运)的影响,当地各种组织可能更易受到变幻莫测的条件影响。国际海事组织为北极航运制定的《极地规则》,就是积极适应不断变化的海洋条件的例证。它也成为一套在冰封极地水域建造和运营船舶的指南。

冰上运动、休闲及乐趣

  冬季的消遣活动（如滑雪、打冰保龄、滑冰、冰上驾驶、滑雪橇甚至打雪仗）都表明，在冰雪中生活和工作并非总是关乎生死。冰雪迎来了运动创新，正如休闲型滑雪爱好者所知，从前并没有人在山坡上滑雪。许多人喜欢在冰上徜徉，感受冰的氛围，在冰上玩耍。有时，人们的冰雪活动也会远离季节性或永久性的冰雪环境。干冰滑雪场就是一个很好的例证。它表明，即使是人造冰雪也能营造出冰上滑行的感觉。

  在本章中，我们将研究最著名的冬季运动——滑雪，然后讨论更广泛的冰雪运动。自 1925 年以来，我们一直鼓励与支持运动员们在滑雪、滑冰等冬季赛事上勇夺佳绩，最近一次是 2022 年在中国北京举办的冬奥会。体育运动也丰富了冰雪休闲娱乐活动，比如在冻结的河湖上捕鱼。最后，我们将目光转向游客、冰雕的魅力以及愈发盛大的节日——只为颂扬冰的内在美，无关是否身处冰天雪地。如今，与冰雪相关的节日和活动层出不穷，如费尔班克斯世界冰上艺术锦标赛、中国的哈尔滨国际

瑞典朱卡斯加维的
冰教堂

冰雪雕塑节、俄罗斯的国际冰雕节、挪威的冰雪音乐节、新西兰的皇后镇冰雪节，以及久负盛名的日本札幌冰雪节。对大胆无畏且经济富裕的人来说，还可以在冰雪酒店尽情享受。比如位于瑞典北部朱卡斯加维小镇的全球第一座冰雪酒店。对许多人来说，适应冰的过程是有趣且愉快的。

　　然而，众所周知，在冰上愉快游玩也要付出代价。滑冰、滑雪和冰钓有时也会以悲剧收场。

　　1867年1月，数百名滑冰者拥到湖泊封冻的冰面上，造成这一位于伦敦市中心摄政公园内的湖泊冰面破裂，大量滑冰者坠入冰冷的湖水，其中约有 40 人因冰鞋等衣物过重而溺亡。事实证明，无序发展极受欢迎的消遣活动是致命的。事故过后，湖水被排干，人们发现它的深

ESKIMO GIRL ON SNOW SHOES, ALASKA.

COPYRIGHT 1907 BY CASE & DRAPER.

美国阿拉斯加州一名脚穿雪靴的因纽特女子

度只有 1.2~1.5 米，并非想象中的 4 米。在滑冰者不知情的情况下，公园管理员一直在冰上制造人工缝隙，以帮助当地的野生动物越冬。这一切似乎与杰拉尔德·曼利·霍普金斯 1877 年的诗作《红隼》相去甚远。该诗把滑冰者比作红隼，他们可以在冰面上轻松地滑动，并以各种姿态享受掌握方向的快乐。

危险并非滑冰活动独有。滑冰者会被雪崩吞噬，冰上渔民会跌入捕鱼洞，就连参加节日活动的人与交通工具也会被冰冷的水流淹没。2016 年 2 月，15 辆汽车在冬日狂欢节期间遭遇了日内瓦湖冰事故，所幸无人受伤。

滑雪

最早使用滑雪板的记录出现于距今约 12 000 年的旧石器时代，位置在中国西北部的新疆维吾尔自治区。2005 年，考古学家在蒙古国的汉德尔特发现了一幅岩画，他们认为这幅画描绘了远古人类利用滑雪板行走的情景。该地至今仍然传承着独特的滑雪板制作方法，人们以云杉为底板，并在它的上面黏附厚厚的马鬃，以此助力冰雪滑行。在每季积雪深度有一两米厚、一年中足有 7 个月银装素裹的环境中，滑雪板是人类行动重要的工具。猎鹿仍然是一项流行的冬季活动，因此，既能方便猎人滑行下山，又能爬坡登山的马鬃滑雪板备受青睐。

大多数因纽特人的狩猎是在冰上进行的，所以滑雪板对他们并无多大用处，从冰面上向开阔水域行进时，雪靴的使用相对较多。积雪较深的地方往往不在沿海省份，而在内陆的山区和植被覆盖量大的地区。然而，美洲部落使用雪靴多于滑雪板。他们从动物身上获得灵感，比如被恰当命名为"白靴兔"的冬季野兔。北美休伦人和阿尔冈昆人根据野兔、熊和海狸等动物留在雪地里的爪印，设计了类似的雪靴。超大号的雪靴有时长达 2～3 米，以木头、动物皮和骨头组成框架，并绑定在一起。

毫不夸张地说，在机动代步工具出现之前，滑雪板和雪靴是人类在极端环境中活动和生存的基本要素。纵观北欧、北美和亚洲，都有考古证据表明滑雪板和雪靴的广泛应用。这既是人类冬季常规和可预见的御寒需求，又是发现全新食物来源和领土的持续物质需求。2013 年，人们在俄罗斯发现了一幅距今 4 000 年的岩画，描绘了一群乘着滑雪板的猎人追赶飞奔麋鹿的景象。可见，要生存下来并成为一名优秀的猎手，关键是要练好滑雪。

这种史前滑雪史并不总受欧洲观察者们的认可。他们往往视古挪威为滑雪活动的开端，并以绘有四五千年前人类（和神灵）在冰面上滑行的岩画为佐证。滑雪相关的碎片也在瑞典北部的泥炭沼泽中被发现，其年代可追溯到约 4 500 年前。在挪威和芬兰的洞穴中还有其他发现。这些约有 3 200 年历史的发现物，相当合理地表明北欧的牧民、猎人和捕猎者曾使用过滑雪板。挪威的故事也表明，人们滑雪是为了消遣。"滑雪（ski）"一词古挪威单词为"*skid*"，指代木块或木头。在挪威神话中，滑雪板是滑雪和雪靴女神斯卡蒂的饰物。这位住在冰雪覆盖的山川、热爱荒野的女神被描绘成一个高大、强悍的女猎手形象。每当全副武装，穿上滑雪板或雪靴，手持狩猎武器时，她都会欣喜若狂。

对大多数人来说，现代滑雪显然是休闲娱乐活动，不是过去以狩猎、捕鱼、探险或军事计划为代表的实际行动。滑雪运动风靡于 19 世纪，深受新生代滑雪爱好者的欢迎，他们还借此开了滑雪假期的先河。到 1903 年，英国的大人物如伦恩·保利旅游公司的创始人亨利·伦恩，已经向富裕的消费者介绍起滑雪度假套餐的想法。伦恩参加了瑞士酒店的滑雪派对，并认为冬季运动是精神和身体健康不可或缺的一部分。公立学校高山俱乐部成立后，伦恩又在 1908 年协助创立了阿尔卑斯山滑雪俱乐部，旨在令滑雪爱好者汇聚一堂。对伦恩及其同辈人（如登山运动员马丁·康威爵士）来说，滑雪使人与自然亲密无间，这在高山环境中尤甚。而与挪威滑雪爱好者不同，英国人滑雪不喜越野，多玩高山滑雪，他们很快就习惯了用固定的滑雪板从维护良好的山坡上滑下来，而北欧人则利用松散的固定装置，将滑冰、跑步和步行的动作结合起来。滑雪技术也发生了改变，滑雪者开始使用弧形冰刀、可调节绑带和金属冰刀，以此提高在冰坡上的抓地力。随着滑雪板结构的改变，滑雪者可以在崎岖路段、山脊和各种雪地中来去自如。

　　滑雪术语的发展和演变是为了定义粉状雪和黏性雪，确定雪丘和凸起、斜坡分级，丰富滑雪者经验，以及学习滑雪后的社交礼仪。所有这些（包括雪地飙车、机动雪橇和滑雪板等其他休闲运动）都是在全球滑雪产业和山地旅游商业化的背景下发生的。随着滑雪越来越受大众欢迎，其时尚要求也越发突出。因为专业服装、设备和高端度假村的魅力丰富着大众的想象。迪士尼公司在1941年出品了一部卡通电影《滑雪的艺术》，并借狗狗高飞首次向年轻观众展示了高山滑雪。到20世纪50年代至60年代，滑雪活动屡见不鲜，更是吸引了碧姬·芭铎等或美丽，或富有，或著名的人到滑雪场的雪坡拍照。与此同时，年轻的女王伊丽莎白二世因为亨利·伦恩"对滑雪的贡献"，授予他爵士称号。

　　21世纪，欧洲的高山滑雪场越来越依赖人造雪。目前，阿尔卑斯山的变暖趋势更甚于欧洲低地国家。据预测，其雪线将在21世纪末比当前水平下降300～400米不等。在欧洲滑雪业中心瑞士，随着冰川和山上积雪的不断消融，永久冰将成为一种珍贵的商品。与越野滑雪相比，高山滑雪需要更大的冰雪覆盖量。在雄伟的冰川与层峦环抱中，阿尔卑斯山的自然和想象地理环境为滑雪者带来了高速又刺激的滑坡体验，其滑雪旅游业每年为近2亿滑雪游客提供服务。而对许多山区旅游胜地来说，其经济收入的80%～90%仰仗旅游业的发展。无常的冬季会对冰雪的形成产生影响，这就意味着瑞士地方

政府必须在为游客提供多样化服务或投资人造雪中二选
其一。滑雪场还采用过一种策略，那就是储藏旧雪，以
新雪和人造雪作为补充。

　　欧洲的滑雪场并不是唯一面临气候变化和不定雪量
挑战的地方。美国有 38 个州实行冰雪经济。比如，科
罗拉多州就是靠冬季运动赚钱的先驱。美国的第一个滑
雪场于 1915 年开设在该州的霍威尔森山。该产业市值约
80 亿美元，据美国滑雪协会估测，美国和国际游客的滑
雪旅行需求拉动了逾 20 万个工作岗位的发展。装备使用
也有地区差异，滑雪板在明尼苏达州、密歇根州和威斯

康星州的五大湖地区尤其受欢迎。2015年，原定在加利福尼亚州斯阔谷举办的一场滑雪板世界杯赛事，因雪量不足被迫取消。有专家预测，如果滑雪和滑板爱好者都不再光顾缺雪的滑雪场，那么科罗拉多州在未来几年内可能会失去数千个工作岗位，并损失高达10亿美元的收入。因此，滑雪场将不得不进一步适应或寻求替代品。

冰上运动

纵观滑雪史可以了解到，人们为适应冰雪做出了多种多样的转变，其中许多转变并不是为寻求庇护、食物和贸易等基本需求。冬季运动很受欢迎，但如果你没有考虑曲棍球（更不用提"冰球"）在日常生活中的作用，就很难欣赏加拿大等国家的流行文化。加拿大第22任总理史蒂芬·哈珀就是有名的冰球迷，他还经常向人们灌输"加拿大男人应该是什么样"的理想化观念——他们应该强健粗犷、喜欢户外运动，并且会用冰球棍（在夏天冰球棍还可以作为独木舟划桨）。在一年数月是冰雪满目的加拿大，曲棍球自19世纪70年代就是其特色运动。蒙特利尔是加拿大冰球的发源地，拥有全国第一支球队，并在1883年"蒙特利尔冰上嘉年华"期间举办了第一次大型比赛。加拿大人弗兰克·赞博尼设计的一款名为"赞博尼"的磨冰机不仅实现技术创新，还为1945年后高度程式化的冰球运动做出了贡献。随着比赛的职业化，

冰上运动的管理既有创新，又不乏干预。

　　冰球运动全球流行的第一站是美国，随后传入欧洲。比赛最初在室外进行，后来转入使用人造冰的室内体育场，以此取代了被雪障包围的冰封空地。两次世界大战期间，加拿大和美国共同建立了国家冰球联盟。几十年来，随着参赛队伍不断壮大以及主力球星的号召力，冰球运动越来越受欢迎。

　　冰球是 1924 年夏慕尼冬季奥运会（该活动开始被称为"国际冬季体育运动周"，后在 1926 年更名为"冬季奥林匹克运动会"）最初的代表项目之一，当时有来自

1980 年在纽约普莱西德湖举办的冬奥会上，美苏冰球比赛上演了"冰上奇迹"

16 个国家和地区的 200 多名运动员参与了 16 个项目的比赛。美国选手查尔斯·朱特劳是冬奥会历史上首位奥运冠军。时间快进到 2014 年，俄罗斯索契冬奥会。据报道，索契冬奥会共耗资 510 亿美元，包括单板滑雪和长橇比赛共举办 98 个项目。

冰上娱乐

对于许多生活在冰上的人来说，享受冰上乐趣是非常重要的。冰上活动既有动态型（如滑冰、滑雪橇等）又有相对静态型（如冰钓等），吸引了许多当地居民和度假者参与其中。在加拿大，平底雪橇不仅是许多人儿时

经典回忆，还与早期定居者在冰封大地上迁徙的记载相
呼应。手工制作的平底雪橇以落叶松和松木等为材料，
绑在横杆结构上以便活动。一副雪橇的长度接近 3 米，
但宽度却很窄。这种狭窄的设计是为了让穿着雪靴或滑
冰鞋的人可以牢牢掌控雪橇。

　　雪橇的发明是为了进行商业活动，比如加拿大北部
的毛皮生意和狩猎。到 19 世纪末，雪橇已与休闲娱乐密
不可分。1881 年，蒙特利尔雪橇俱乐部成立，并在全市
范围内举办比赛。对加拿大的多伦多和魁北克等城市相
对富裕的市民来说，滑雪橇是件时髦事。1935 年，魁北

**1926 年介绍蒙特利尔
雪橇跑道的旅游宣传册**

克市在费尔蒙勒拉菲弗龙特纳克酒店附近建造了雪橇跑道。如今，每年12月至次年3月开放的3条滑道仍在使用，并向下坡延伸了约400米。

在美国的明尼苏达州以及北欧国家（如芬兰），因过去冰川活动形成的湖泊中有大量湖冰，冰钓活动就此兴起。例如，在明尼苏达州最寒冷的地区，当地湖泊每年都会封冻8～9个月。19世纪，随着斯堪的纳维亚移民在冰冻的湖面建造了户外小屋，其冰钓技术也流传开来。

由马克·里朗斯和路易斯·詹金斯共同创作的话剧《漂亮的鱼》（2016），旨在重现童年时在明尼苏达州冰面上钓鱼的经历。埃里克和罗恩这两个老朋友，花了一整天的时间来思考他们的友谊。他们两人坐在倒扣的桶上，用特制缩短的冰钓鱼竿垂钓，这种鱼竿穿过冰层上的小孔（直径15～30厘米）放置，当鱼上钩后可安全收线捕鱼。话剧中的钓鱼法在美国诗人拉尔夫·伯恩斯的诗作《冬日垂钓》中也有体现。坚冰、迷雾和寒冷的特质唤起了人们对过去生活的回忆。

冰钓在爱沙尼亚、挪威、冰岛、加拿大和俄罗斯也广受欢迎。为提高鱼群探测能力，冰钓领域最近还引进了水下声呐技术，但对专业垂钓者来说，短杆、鱼叉和简单的鱼钩、鱼线才是首选。冰钓比赛也人气颇高。在美国，密歇根州和明尼苏达州每年都会举办一次比赛，可吸引4万人湖上垂钓，而密歇根州的霍顿湖尤其受欢迎。而在其他国家，如芬兰，每年2月会举办一次全国冰钓锦标赛，引得几千人来到湖边。据报道，2016 年，渔民为获取冰下湖水，不得不在湖冰冰面上钻洞超 60 厘米。报道指出，过去曾有五六千人参加类似比赛，当芬兰政府向国际游客推销这一活动时，芬兰的年轻人并不感兴趣。

　　除了传播度极高的滑雪和滑冰，雪橇和冰钓也是北方文化不可或缺的一部分。但这也并不是西方文化独有的。中国就有一年一度的查干湖冰钓和狩猎文化旅游节。查干湖是中国东北部著名的淡水湖，其冰钓历史已有数千年之久。但与《漂亮的鱼》中展现的小规模冰钓不同，查干湖冰钓节有数百名经验老到的渔民上阵，通过操作冰下的渔网，捕获数万吨的鱼。冰钓技术通过个性化的改良，还发展出集当地舞蹈、歌曲于一身的表演，吸引游人纷纷驻足观看。这个从 12 月持续到第二年 1 月的节日已成为当地经济一个重要且获利颇丰的活动。

美国明尼苏达州哈丽特湖上的冰钓活动

冰雪旅游

目前，包括中国、加拿大和北欧国家在内的许多国家已开展冰雪节形式的冰雪旅游活动。最著名的有札幌冰雪节、费尔班克斯世界冰上艺术锦标赛、魁北克冬季嘉年华、挪威滑雪节和中国哈尔滨国际冰雪节。历史最悠久的冰上艺术节始于1950年的札幌，起初当地的学生只是建造了6座雪雕，但出乎意料的是，这一胜景极受欢迎，吸引了数千人前往参观。最近一段时间，约有200万人到日本北部的札幌参观每年2月制作的冰雪雕塑，其规模从小巧紧凑到大气恢宏，应有尽有，甚至包括高达17米的埃菲尔冰塔。

最著名的冰雪节是在中国哈尔滨举办的哈尔滨国际冰雪节。20世纪80年代中期以来，每年一二月份举办的冰雪节规模日益扩大，仅2017年就吸引了超过100万游客。也正因其规模庞大，主办方每年11月末到12月都会聘请成千上万的工人来到松花江，切割取冰以待使用。江中的冰为7 000余名艺术家和雕塑家提供了作品原料，使其可以复刻冰雕版的建筑，比如古罗马斗兽场。

冰雕节之所以引人注目，除庞大的规模和胜景外，还因为冰雕是这座城市历史的一部分。最晚从16世纪开始，当地渔民就利用松花江上的冰雕刻冰灯了。渔民会在雕刻的冰块中放上蜡烛，这样就做成了一个临时的灯

中国的哈尔滨国际
冰雪节

笼。随着时间的推移，冰灯越来越受欢迎。到冬天，当
地家庭开始把装饰精美、喜气洋洋的冰灯挂在家门口。
为庆祝冰雕的出现，哈尔滨市政府于 1963 年举办了第一
届冰灯节。

适应冰

　　研究表明，生活在安第斯山脉、中国青藏高原和落基山脉等高海拔环境中的人和动植物都在生理和环境上适应了更冷的环境、更稀薄的空气、贫瘠的土地，以及极端的天气。比如在中国西藏，科学家们发现大多数人有一种特殊基因，这种基因经过数千年的进化，能让人们更好地适应较低含氧量的空气，从而避免罹患高原病等典型疾病。牦牛是对寒冷和冰雪有着特殊适应能力的一种牛科动物，它们皮毛厚实，心肺较大，能够在海拔6 000米以上的地方生存。在西藏的历史、节日和神话中处处可见牦牛的身影。这一点不足为奇，因为它既是当地居民食物的来源之一，又是一味可入藏药的药材。

　　有关冰雪的研究越来越关注人们适应冰雪的过程及其变化（有时或许仅仅是减少损失）。北极理事会的《雪、水、冰和冻土评估》就是一个很好的例证。由于多年冰的防护屏障无法抵挡冬季的风暴，科学家们开始探求面对北极环境变化，人们应对海水和淡水冰层变薄、冰期缩短、积雪减少以及海岸侵蚀频率增加等考验

喜马拉雅山上的一头牦牛

的方法。"适应"是冰层上下生命的长期主题，但人类和非人类群体的适应力及恢复力取决于物理、生物、社会和经济的相互作用。我们知道，北极冰雪对全球气候系统起到了调节作用——将热量反射回大气。然而一旦冰雪覆盖面积缩小，同样的区域就会变成热量聚集地，随着冻土带广大区域的解冻，融化的冻土将释放甲烷。潜在的变化和影响不仅存在区域性特征，又存在全球性特征。

　　环境变化与适应也是其他以冰雪为家的动植物（既包括藻类、苔藓和地衣等较小物种，也包括雪豹、北极狐、信天翁、北极熊、鲸鱼、企鹅和海豹等标志性动物）所关注的问题。近年来，详尽的海洋学和生物学研究都表明，生命形式会在极地水域、冰川主体甚至是海冰和冰山底部等最为惊人的栖息地繁衍生息。微生物存在于地球冰面浅层的几米处，根据它们的颜色和成分可知，它们在冰体反照方面也起到了一定作用。

包括南大洋在内的南极洲，常被描述为寒冷的荒原。当地可能只有两种开花植物（南极毛草和南极珍珠草），分布在气候较温和的南极半岛和南奥克尼群岛。而在海岸和裸岩区，有200多种地衣和100多种苔藓分散各处。仅以当代南极作为考虑对象，化石证据（蕨类、煤炭和树木）显示过去的气候和生态与如今完全不同，过去的气候倒更接近如今热带和温带的气候。

但适应冰雪仍然挑战满满，我们也正是带着疑问与好奇完成了本书的撰写。当它过多，甚至多到无法抵御时将会发生什么？雪崩是一种灾难，但假如我们现代化、网络化、主导城市生活的基础设施无法应对冬季风暴、大雪、冻雾和极冰，又将如何？最可怕的冰暴裹挟着降雪、积冰、狂风和冻雾等致命因素席卷北美。它们切断电线，吹倒树木，围困公共交通和破坏供水系统，将筋疲力尽的人们置于无法行动、丧失供暖的一片漆黑中。例如，1998年1月，"大冰暴"袭击了加拿大南部和美国东北部，造成上百万人断电数天至数周不等。

冰上生活，学会适应

历史上，人类应对冰雪的能力取决于三个因素——穿梭冰上和穿过极地水域的能力，保持干燥和温暖的能

力，以及应对因寒冷天气造成的吹伤、雪盲、脱水、冻
伤伤害和相对孤立无援的能力。然而，《雪、水、冰和冻
土评估》提出，最近的变化正在扰乱人们对自身和基础
设施的恢复力。由于飘忽不定的海冰和变幻莫测的天气，
北极居民的生活方式不断变化和身体健康甚至受到威胁。
海冰捕猎变得更加危险，地下饮用水的安全也受到威胁。
如果当地传统知识在变暖的北极面前无用武之地，那么
将来年轻人作为猎人、渔民和牧民的机会也会相应变少。
因纽特人将迁往城市生活，许多人会努力适应截然不同
的日常生活，结果喜忧参半。

　　生活在北极的人已经适应了当地的条件，并制定出
了社会和文化准则以及发展出了用于管理日常生活的新
技术。在因基础设施匮乏和天气恶劣而与其他栖息地隔
绝的偏远区域，解决冲突仍然是重中之重。因此，适应
过程需要人们形成解决狩猎和食物分配争端的机制，包
括"斗歌"——主人公必须以载歌载舞、款待众人的方
式取代打斗。解决冲突最重要的就是生活在一起。供人
居住的冰屋（因纽特语中的"*igult*"）不仅指传统冰雪造
就的房屋，还指用帆布、木头和砖块筑造的房屋。在格
陵兰岛，冰屋是用冰造的小型建筑，供在海冰边缘活动
的猎人遮风挡雨。无论面积有多大，永久性住房的缺少
都是当地人普遍面临的问题，这也将进一步加剧利益相
关体的紧张关系。

　　为了狩猎和长期生存，当地人历经几代，学会了预

格陵兰努克一期最大住宅楼 P 型板块

测冰雪，了解了气流和水流改变海冰、雪堆位置以及猎物栖息地的知识。当地人与土地、冰和水的关系密不可分，缺乏传统食物资源是破坏群体活力的元凶。在北极地区的人们缓和并适应不断变化的冰层尤为重要。

人们理解了海冰不只是狩猎和远走的平台，还是保护沿海群体免受冬季风暴侵袭的重要物质。当西方科学家开始更好地理解海冰的生态意义时，传统知识早已通过语言和实践，认可了海冰对族群食物安全的重大意义。传统知识经过反复测试和评估，并以冰层深度和厚度、积雪程度以及融化和泛滥程度的变化等实际经验自我调整。渴望从当地人那学到适应技术的军方还喜欢使用实验与反思法。

地球物理学家和人类学家从当地人那了解到，老人与老练猎手的记忆和经历中总结的知识，敏锐又详细地反映了当地地形和当时的天气情况。事实证明，了解当地知识对外地游客大有裨益，有时还会形成挑战。当地的猎人向科学家们提供建议，告诉他们在哪里可以接触到早期和晚期的海冰，哪里可以找到开展研究的稳定冰平台，以及一些地图中普遍存在的错漏。

身处北极变暖和全球环境变化的时代，向当地人及其历经数百年制定的适应规则学习，越发紧迫。尊重关系的发展是最近研究的主题，其中部分已在2007—2008年的国际极年活动中得到了进一步宣传与支持。正式协商和共同推动知识进步现已成为该工作的准则。

在挪威斯瓦尔巴群岛的永久冰层之下，隐着一个装满世界种子样本的地窖。它于2008年在挪威政府资助下开放的，又名"末日地窖"，收藏了来自阿富汗、伊拉克等国家，以及有遭受风暴和飓风等自然灾害的国家和地区的种子。建造地窖时，人们在山中开凿了125米的隧道，内衬混凝土墙并配有防爆门。此外，地窖位于海平面以上130米，保障自身不受泛滥的融水侵害。我们应当关注的是，为什么人类觉得首先要建造它。我们人类（和非人类）如何面对一个以融化的冰雪为气候与社会驱动因素的世界？随之而来的热循环模式改变、食物链中断、海平面上升以及冬季风暴，将会对北极周围的群体有怎样的影响？

冰雪与生物圈

在冰雪环境中，也有本地与外来的动植物。一些是活动于亚南极南佐治亚群岛的挪威船只有意引进的外来物种（如驯鹿），另一些则是意外抵达的（被风吹到或经船只运输利用压载水排放至此处）。随着极地海域变暖，人类的航运也使欧洲青蟹和日本鬼海老等物种在极地拥有了一席之地。鱼类的迁徙也在发生变化，如今，格陵兰岛沿岸也能够捕获一些新物种。我们正在通过细致研

斯瓦尔巴全球种子库

究、长期观察以及与当地人磋商，更深切地了解当地以冰雪为生存必需环境的非人类集群。总的来说，冰冻圈中极少有无人且动植物聚居的地区。两极和高山地区遭遇的整体变暖，增加了外来物种入侵的可能性。据最近一项研究估测，游客数量增加也是影响因素之一，仅一个夏季或有 7 万颗种子通过游客的衣物和行李（包括背包）进入南极洲。

冰雪影响着极地与高山的环境，在促进、阻止和调节动植物方面发挥了独特且多面的作用。一方面，积雪为一些动植物和土壤提供了遮挡与庇护；另一方面，如今冰雪对植物也是一大挑战。有些植物已适应了破冰而出和在冰旁生长的模式。麋鹿和北美驯鹿有着强力的蹄子，它们能够踏破冰层，获取基本的食物——地衣和苔藓。这种适应行为使驯鹿业得以发展，并成为斯堪的纳维亚半岛北部和俄罗斯西北部的萨米人生活中不可或缺的部分。这种有赖于积雪、永冻层、湖冰及河冰状态的生活，也影响了驯鹿的饲养、迁徙和繁殖周期。

值得注意的是，牧民们使用一种策略确保最强壮的公驯鹿作为战略先锋踏破最坚硬的冰块，让其他驯鹿也可吃到冰下的植物。然而，萨米人的驯鹿业是传统的跨境行业，可以说，北极圈国家的政策和行动是其最大的短期挑战。

对植物来说，冰雪覆盖时间的长短决定了植物生长季节的长短，而冰雪融化又促使融水润泽大地。而对许多以冰雪为主导的生态系统来说，当冰化为水时，变化尤为剧烈。冰雪融化不仅不像打开水龙头轻轻将水放归大自然的过程，反而是极度危险和无法左右的过程。洪水在高山和极地环境中很是常见，美国北部许多州的遭遇也可证实冰雪融化代价太高。冻土和半冻土不是渗透的理想之地，它们的作用类似于城市环境中的混凝土和柏油路面。伊纳里驯鹿农场的融水就曾导致洪水泛滥，沿途植物被毁。

在海洋环境中，海冰的分布和厚度对北极熊以及海豹和鲸鱼等动物的生存至关重要。对某些动物来说，冬眠和迁徙是生存的重要策略。冬季的冰雪使多数动物和

芬兰伊纳里的驯鹿农场

人都更难活动，高纬度地区甚至一片漆黑。为节省能量，驯鹿排成一列行进，领头的成年驯鹿帮助后方，特别是帮助幼年驯鹿扫清道路。鸟类和鲸鱼则迁徙到新的觅食地，其中包括飞行超长距离到达南极洲的北极燕鸥。北极熊和棕熊选择冬眠以待春天来临，带有厚厚毛皮的鹿则迁徙到低洼的山谷。

以永冻层为主的地区，植物因为已经适应了水源稀少的冬季，在冻土上也可存活。地表植被反过来也保护了冻土不会大量融化。在必要情况下，其根部也能够利用冻结表层土下的地下水。春季冻土融化后形成了表层水，这里在夏季像沼泽。水分和营养物质的释放使北半球广阔的北方生物带得到滋养。针叶树生长于潮湿的沼泽区域，当地满是蠓虫和蚊子。气候变暖也会导致真菌和昆虫肆虐，加拿大和俄罗斯的大片北方生物带已被疾病摧毁。然而，如果冻土遭受火灾、过度融化或人为干预，当地的植物也会被破坏。在某些情况下，过于频繁的冻融破坏了冻结层，树木根部结构不稳定，也会引发林木倒塌（"醉林"）的情况。虽然春季冰雪融化缓解了森林的干旱，但冬季大雪也会毁坏树冠，阻碍树木在春季的生长。

生活在冰雪环境中的动植物被迫适应并调整一系列变化驱动因素，从气温和海平面上升，到工业和资源主导活动范围的扩大。人口也可能发生变化，北部城镇的人数就不断增加，其中大部分是来自世界其他地区的移民。在冰冻圈的所有区域中，北极越来越可能成为持续变化和发展的前沿，而南极在可预见的未来，仍将免受科学家和游客之外的人的影响。全球变暖机遇与危险并存，新的动植物将以北极为家，其中包括迁徙的鱼群和因人类活动（如压载排水）意外引入的物种。

千百年来，生活在冰雪环境中的动物为在冰冻水域和严寒中转移，已发展出三种基本策略：消失与回归，冬眠与重现，季节性调整。人类在很大程度上遵循该规律，一切都有不同程度的能动性和成就感。因此，虽然生活在冰雪区域外的人认为滑雪十分有趣，但对于生活在冰雪区域的人来说，滑雪对行动、生存至关重要。

冰雪钩沉

在任何城镇的历史中，不论位置如何，都需要考虑便于人类聚居的基础设施和服务建设。它们或许并不光彩夺目，但马路、排水系统、电网、垃圾归集、人行道和照明，样样都对人类的生活、工作至关重要。城镇的建筑，以及应对冰封落雪等变幻莫测天气的管理手段，就强烈地体现了人类对季节冷热变化的适应。冬季纽约等城市漫天大雪，供水、交通和邮政等基础服务被迫中断。1741 年的一场暴风雪冻结了河流，扰乱了纽约和波士顿的港口活动，对贸易、货源供给和运输产生了连锁反应。城市居民开始了应对寒冷天气的准备工作，储备

冰

木材和食物，尽可能更换马车和手推车上的滑雪轮。19世纪中叶，通过电报、广播和报纸媒介播报的冬季天气预报，也更加系统化和可传播化。

1862年，欧洲和北美城市开始尝试铲雪，随后率先在密尔沃基开展了铲雪活动。以明尼苏达州的城市为例，马拉着临时雪犁除雪，这是政府首次正式承认扫除冰雪是一项市政责任。在这之前的冰雪清理都是非官方的，都是由居民自发承担清扫各自街区的责任。开展扫雪服务是大城市为应对冬季天气采取的系列措施之一。修订后的建筑标准更好地适应了积雪带来的危险，以及更好地消除了冰暴对暴露在外的城市基础设施和通信网络的潜在影响。冬季风暴还容易引发火灾等次生灾害，因此城市规划者不得不考虑如何确保某些消防服务在寒冷、黑暗和结冰的情况下正常运作。

到19世纪末，为确保不受冰雪堵塞困扰，纽约、芝加哥和其他主要城市都建立了高架交通网络，并使用除雪机将多余的积雪倒入河中。1888年3月，一场大暴雪猛烈地袭击了美国东部沿海地区，经过三天的降雪与结冻，产生了非常厚的积雪。纽约和波士顿等城市因冰雪突袭而瘫痪，基础设施也不堪重负。学校关闭，消防站人去楼空，输电线也遭到破坏，就连高架交通网络也受到了影响。这场暴风雪夺去了400多人的生命，也让人们进一步意识到，城市需要采取更多行动。之后，电力和通信设施被埋入地下，城市还修建了地铁，并于1894

168

年和 1899 年分别在纽约和波士顿通车运行。虽然通勤者会抱怨夏天的车厢很闷热，但地铁可使他们免受寒冷、降雪、强风和结冰的困扰。随着纽约市官员意识到地势低洼的布鲁克林极易受冰雪融水泛滥的影响，除雪工作也得到了进一步管理，迈向规范化和专业化。

20 世纪，随着城市规划者及其科学顾问更好地认识到冰雪过量的后果和连锁反应，冰雪管理也进行了创新。例如，积雪调查的开展得益于密歇根科学家詹姆斯·丘奇的建议。他率先设计了罗斯山融雪采样器，用以评估雪水含量。在内华达州太浩湖附近工作时，他将降雪的状态与水位的变化联系起来开发出一种预测工具，后被联邦政府采用。丘奇在积雪水文和融雪管理方面的研究

1888 年 3 月冬季大暴雪席卷纽约等北美城市

成果，对预测融雪及其对废水管理的意义至关重要。底特律市是最早开发岩盐的城市，1940 年更是在公路上撒满岩盐。由于底特律盐业公司在附近拥有一座大型盐矿，撒盐更加方便。仅在 2015 年，美国公路就用掉了 1 500 万吨岩盐除雪，还花费了数十亿美元善后，收拾岩盐融雪的残局，包括修复水污染和盐腐蚀损坏的基础设施和车辆。现在人们认识到，岩盐的应用已不复当年"奇迹干预"之效了。

如果说岩盐在 1945 年后帮助并推动了美国的公路系统发展，那么飞机上使用的除冰物质甘醇（与热水混合）则彻底改变了人们的冬季出行。美国联邦航空局通过加强相关规定，确保了霜冻和冰雪对起飞时的飞机不构成威胁。与城镇一样，机场也采用除雪机清理跑道，并竖起围栏防止雪堆被吹散。虽然直到今天，恶劣的天气仍会延误并阻碍飞机飞行，但 20 世纪 50 年代甘醇的应用最终取代了人工扫除过量冰雪的工作。因为后者既费时又低效，无法适应大规模航空交通时代的到来。1958 年2 月，造成 23 人死亡的慕尼黑空难，起因就是机翼结冰。后来，人们又发现了另一大威胁——雪泥，它使得飞机无法达到足够的起飞速度。但是，也正如后来的空难证明的那样，机身结冰对飞机飞行的危害并没有完全消除。例如，1989 年 3 月，造成 24 人死亡的安大略航空 1363号班机坠毁事故，航班未能安全起飞的原因也是由于机翼结冰过多。1363 号航班事故后，其他与冰相关的灾难也接踵而至，其中大部分是人为失误、冰雪清除不彻底、恶劣天气等综合因素造成的。

城市和机场、供电等重要基础设施必须随着人口的不断增加和需求的升级，一直创新和调控下去。城市设计了有盖人行道，卫星提供了实时天气预报，政府监管了一系列与寒冷天气有关行动，包括建筑标准、应急服务、公共责任、供水管理和公民安全等。

尽管寒冷天气预报和冰雪管理趋于正规化，许多国家仍然极其依赖岩盐等基础资源，以及近期用于路冰管理的食品，如甜菜汁和干酪皮。对多数城市而言，除雪仍然是一项庞大且昂贵的工作，人类也逐渐认识到盐污染和腐蚀性损害的"隐性成本"。这一切似乎都与德国建筑师、工程师弗雷·奥托的设想相去甚远。他曾在 1970 年提出一个大胆的计划，即利用高达 800 米的充气穹顶笼罩城市，创造出一个可以容纳 4 万人生存的无雪环境。尽管 1972 年夏季奥运会体育场馆和南极站屋顶的设计，都只是对他穹顶城市构思的一点借鉴，但他保护民众免受冰雪威胁的设想，依然是高度现代主义前沿建筑的终极目标。也正因如此，尽管设想并未成型，美国建筑师理查德·巴克明斯特·富勒仍指出，人类或许会在情况紧迫时在穹顶下生活。尽管在细胞遗传学层面上保全了自身，但这种环境是否值得人类活下去仍是一个问题。

告别冰

随着我们的地球持续变暖，冰层也继续融化，利用太阳能和人工产水的穹顶城市同末日城市相比，或许还有些吸引力，也许现在说"告别冰"还为时过早。天然冰是一种非常迷人的物质，它可以像混凝土一样坚硬，但眨眼间又会变得稀软脆弱。21世纪人类谈论更多的是天然冰的范围和持久性，谈话的基调不太注重惊叹和享受，反而倾向于风险、危害以及一种深切的失落感。

虽然我们可以继续制造冰雪，但对许多人来说，那种看到高山、湖泊、河流、天空和海洋油然而生的敬畏、赞叹甚至恐惧感，都将不复存在。

致　谢

　　在本书撰写并完成之际，我想感谢许多人。首先感谢里克苏恩出版社的迈克尔·利曼和丹尼尔·艾伦，是他们给予了我莫大的鼓励，并在书稿起草阶段提供了关键的支持性反馈；感谢丽贝卡·拉特纳亚克在最后阶段对图片相关内容的大力相助；诚挚感谢本书文字编辑艾米·索尔特。

　　感谢"地球"系列丛书作者、我在皇家霍洛威学院的同事，彼得·阿迪和维罗妮卡·德拉·多拉为本书的顾问。同时向另一位皇家霍洛威学院的同事——瑞秋·斯奎尔致谢，她是一位友好且有见地的评论家，也为本书的潜在形象提供了很大帮助。此外，皇家霍洛威学院理学硕士毕业生、地缘政治与安全专业研究生艾丽丝·奥茨也在本书撰写关键阶段施以了宝贵的研究援助。乔纳森·班博、伊丽莎白·利恩和佩德·罗伯茨也对本书手稿提出了许多批判性见解。感谢多年来与我进行对话切磋同事，他们是迈克尔·布拉沃、桑贾伊·查图尔维迪、贝唐·戴维斯、邓肯·德普拉奇、费利克斯·德莱佛、斯科特·埃利亚斯、菲利普·哈特菲尔德、艾伦·海明斯、茵内斯·凯任、贝丽特·克里斯托弗森、休·刘易斯-琼斯、马克·纳托尔、阿拉斯代尔·平克顿、理查德·鲍威尔、菲尔·斯坦伯格、罗莎娜·怀特和凯瑟琳·尤索夫。十几年前，斯图尔特·埃尔登曾鼓励我写些关于冰的文章，或许从那时起，这个项目就在冥冥中生根发芽了。再回溯到1994年，我有幸在丹尼斯·科斯格罗夫（现已故）学术导师门下学习，正是他鼓励我思考了冰的所有基本特性。

2017年5月，我有幸到亚历克斯·克拉斯在伦敦大学伯贝克学院组织的工作坊上提及本书。斯蒂芬妮·琼斯、埃丝特·莱斯利和亚历克斯为本书创作提供了更多的思考素材。但是，本书的一切错误与缺点都系本人能力不逮所致，与前述专家无关。

多年来，许多机构也为我的极地与冰相关研究提供了支持。在此，特别感谢大英图书馆、英国国家海事博物馆、皇家地理学会和剑桥大学斯科特极地研究所的大力支持。同时，向为我提供研究经费和旅行支持的艺术与人文研究理事会、英国人文和社会科学院、经济与社会研究理事会、莱弗休姆信托基金会、挪威王国驻伦敦大使馆表示诚挚的谢意。

感谢所有授权许可本书使用图片的组织及个人。

最后，感谢我的家人，感谢他们的宽容与支持。对冰的那点痴迷，真的很容易驱使人去那些有冰的地方，或者有过冰存在痕迹的地方。也正因如此，在我多年来的个人生活和职业生涯中，去山区、极地和其他冰区"热点"旅行一直是一大主旋律。非常感谢我的妻子卡罗琳、孩子亚历克斯和米莉的耐心，让我从未错过任何一个机会，指出过去冰川作用的证据。

仅以本书献给我远在奥地利的母亲和已故的父亲。我与兄弟们都是"滑雪星期日"活动的爱好者。